庄内ワッパ事件

庄内の人々を見つめ続けてきた母狩山《ほかりさん》

はじめに

幕末から明治へ、維新の変革を経て時代は封建体制にピリオドを打ち、日本は近代化へ向けて大きく舵を切った。教科書はそう教えている。しかし、２６０年以上続いた徳川封建体制が、一夜にして切り替わるはずはない。明治維新を迎えても江戸時代そのままに、例えば税金の支払い方も前時代と同じ方法を強いていた所があった。旧庄内藩、現在の山形県庄内地方である。

「余分に払わされた税金を返せ」と農民は立ち上がった。「戻ってくる銭はワッパ一杯になるはずだ」と叫び、運動は全域に拡大した。これが「庄内ワッパ事件」である。ワッパとは「曲げわっぱ」の意味、杉やヒノキの薄板を曲げて作られた木製の箱のことだ。農民はワッパの弁当箱を携え、野良仕事に出た。

事件は7年余りに及ぶ長期の農民闘争であった。税金の返還要求から始まった農民一揆だが、次第に「人民自治」を求める農民運動へと発展していく。彼らは明治維新後に成立した「酒田県」という既存の権力を否定し、指導者の名をとって「金井県」を創設する。既存の商業、流通組織を経ることなく、自分たちの作った農作物を、自分たちで流通、換金する自主管理自主運営の「石代会社《こくだい》」を創ろうと構想した。一揆から裁判闘争へ、できて間もない当時の新聞を利用し、世論に訴えた。ついには裁判を闘い抜き、勝利した。人民の側から自由と権利を求めたわが国の自由民権運動の嚆矢《こうし》といえるだろう。

だが、農民運動の成果は、闇から闇に葬られるように、歴史の狭間に埋もれていく。

それから1世紀半の歳月が流れた。

時代が近代への扉を開こうとした時、農民が求めた本当のものとは何だったのか。ワッパ一杯に銭を取り戻すだけの農民運動ではなかったはずだ。民衆思想史の視点から、その実像を探った。

庄内の農民運動は、「ワッパ騒動」「ワッパ一揆」「ワッパ事件」とも呼ばれる。ここでは表題を「庄内ワッパ事件」とした。「騒動」では、支配者側の見方の感がある。「一揆」の場合は、農民の「蜂起」の意味が強い。農民の動きは、蜂起から裁判闘争、自由を求める運動へとつながった。
庄内ワッパ事件は、維新後に全国で起きた自由民権運動の流れの中で、福島事件（喜多方事件）や秩父事件と並ぶ大きな事件であり、時代の変革を求めた農民運動だったと位置付けたい。そして事件名に「庄内」という地域名を冠することで場所を明示し、全国の人々にも関心を持っていただければと願った。

（表記について、数字は洋数字を基本とした。庄内の地名表記は「荘内」などの書き方がたびたび登場し、「庄」と「荘」が混在する。ここではできるだけ元資料を尊重する意味を込めて「荘」を生かした。傍線は筆者による）

目次

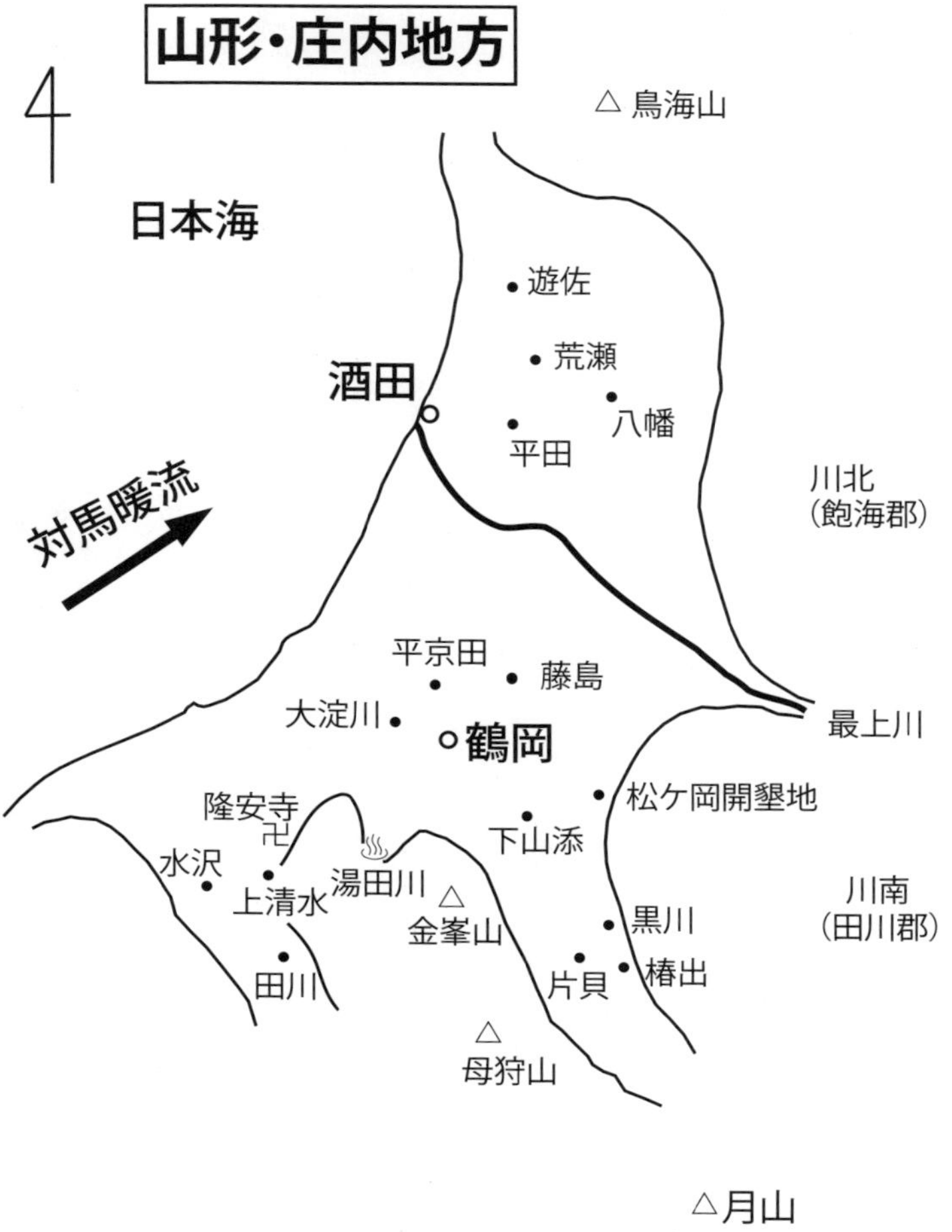
山形・庄内地方
鳥海山
日本海
遊佐
荒瀬
酒田
八幡
平田
川北
(飽海郡)
対馬暖流
平京田
藤島
大淀川
鶴岡
最上川
松ケ岡開墾地
隆安寺
下山添
水沢
上清水
湯田川
金峯山
川南
(田川郡)
黒川
片貝
椿出
田川
母狩山
月山

※

山形県の庄内地方は、南に月山、北に鳥海山を仰ぎ、平野部に広大な水田が広がっている。万年雪を頂く二つの秀峰から流れ出る雪解け水は、尽きることなく田畑を潤す。水不足が起きない。夏は出穂期に気温が急上昇して、厳しいほどの暑さが続く。冷害になることは、あまりない。日本海を対馬暖流が流れるため、雪国だが冬を越せば暖かい。

それに比べて東北地方の太平洋側は、夏になっても冷たく湿っぽい北東の風＝ヤマセが吹き、しばしば冷害に見舞われてきた。人々を飢餓の世界に陥れてきたことは、歴史の記録するところである。

厳しい自然条件に制約を受けてきた東北地方の中にあって、庄内の歴史はだいぶ趣が異なる。豊富な水とまぶしい太陽の光が、庄内に豊かな実りをもたらしてきた。豊穣の大地、それが庄内である。

※

第1章　庄内藩の状況

酒井家と本間家

豊穣の地・庄内に、酒井忠勝が藩主として入部したのは元和8年（1622年）である。以後酒井家は、徳川幕府が滅びるまで2世紀半、国替えも減封もないまま庄内藩14万石の領主として君臨した。

系譜を見る。

1,	酒井	忠勝	
2,		忠当	
3,		忠義	
4,		忠真	
5,		忠寄	（幕府老中）
6,		忠温	
7,		忠徳	
8,		忠器	
9,		忠発	
10,		忠寛	
11,		忠篤	（幕末）
12,		忠宝	

酒井家・歴代藩主

（江戸時代・元和～明治）

酒井家と徳川家の祖は、もともと血を分けた異母兄弟であった。松平家の臣となった酒井家は、三河時代から江戸開幕に至るまで常に第一の家臣として活躍した。徳川家の三つ葉葵の御紋は、最初は酒井家の家紋であったが、酒井家の華々しい戦績にあやかりたいという主筋の松平家の要求により献上したという説がある。酒井家は、徳川四天王の筆頭として数多くの戦乱を家康と共に戦い抜いた。

藩政時代、2世紀半もの間、実り豊かな土地を領することができたのも、酒井家が徳川家と親密な関係を保っていたことが大きい。また後述する薩摩藩は、酒井家が庄内を領していた以上に、長期にわたって鹿児島を領した歴史を持つ。庄内藩と薩摩藩、どちらも同じ地域を長く支配していたという点で共通している。

酒井氏が居城にした鶴ケ岡城。現・鶴岡公園

近世、庄内には今に続く鶴岡と酒田の二つの都市があった。鶴岡は酒井家の居城がある、いわば政治都市。酒田は最上川河口に位置し、西廻り航路（日本海航路）の重要な港で、庄内米をはじめ最上川流域の農産物、特産の紅花などを北前船に積んで大坂、江戸へ送った。上方との文化交流も盛んで、屈指の商業都市であった。

酒田には日本一の地主、本間家がいた。本間家は、とにかく上は藩に対して下は小作人に至るまで「争いごとを起こさない」のを家風とした。藩に対して決して反抗せず、常に従順に対応している。また、２００年続いたこれだけの大地主が、小作争議一つ起こさなかった。庄内ワッパ事件でも、本間家は直接には事件に関与していない。筆者は「本間家文書」の中に事件に関係する資料を見つけることができなかった。事件に登場するのは酒田県と結ぶ「特権商人」である。彼らは、本間家の金融支配下にある商人たちだった。

本間家・歴代当主
（江戸時代・元禄〜昭和初期）

1，本間 原光
2，　　 光寿
3，　　 光丘（中興の祖）
4，　　 光道
5，　　 光暉
6，　　 光美（幕末）
7，　　 光輝
8，　　 光弥

以上述べたように、庄内は酒井家と本間家によって、18世紀半ばから明治初期、事件の鎮圧に新政府の絶対主義官僚・三島通庸《みしまみちつね》が乗り込んでくるまで政治、経済から文化に至るまで、すべてを掌握されていた。酒井家は本間家に政治的援助を与え、本間家は酒井家を経済的に援助する。酒井家（鶴岡）—本間家（酒田）のコンビが庄内を制していた。

酒井家、本間家が共に望んでいたのは「現状維持」にあったと思う。庄内平野の美田と港町・酒田のにぎわいは手放せなかった。表高14万石、実高は

米所・庄内のシンボル、酒田の山居倉庫

22万石といわれた。

江戸時代末期、天保11年越後長岡への転封阻止一揆、明治元年会津若松への転封阻止一揆、明治2年磐城平への転封阻止一揆と、江戸末期から維新期に三度の「転封阻止一揆」が起きている。転封阻止一揆とは、酒井家が国替えされることに対して領民が酒井家の善政に親しみ、酒井家を庄内に留めようと立ち上がったという一揆である。しかしそれを額面通り受け取るわけにはいかない。農民を土地に縛り、生産物を収奪するのを前提に成り立っていたのが徳川封建体制である。転封阻止一揆は「世にも稀なる一揆」と言うほかない。藩当局と本間家が背後で動いていたのは間違いない。それほどまでして庄内を捨てられなかったのは、酒井―本間のコンビが江戸中期から幕末まで百数十年にわたって強固な政治・経済支配を続け、明治維新後も自らの地盤を保ち続けたかったからに、ほかならない。

戊辰戦争と西郷隆盛

幕末、会津藩は、藩主・松平容保が京都守護職に任ぜられ、新撰組を配下に京都で反幕勢力の制圧に当たった。古くから徳川家と深い関わりを持ち、会津藩に次ぐ佐幕の雄として江戸市中取締役を命ぜられた庄内藩は、新徴組を配下に江戸で反幕勢力の制圧に当たった。新徴組とは、文久3年、清河八郎の建策で幕府の下に組織された浪士隊である。清河八郎は庄内・清川出身の尊王攘夷派の志士だが、最後は幕府の刺客に暗殺された。目途を失った新徴組は、庄内藩預けになっていた。

庄内藩主・酒井忠篤《ただずみ》は幼主（維新当時15歳）であり、実権は家老・松平親懐《ちかひろ》、中老・菅実秀《すげさねひで》が握っていた。慶応3年末、江戸では略奪、放火が横行し、全くの無法状態にあった。これは相楽総三らを手先に使った薩摩藩による幕府への挑発行為であった。これに対抗して幕府は江戸の薩摩藩邸焼き打ちに出た。その中心勢力が江

藩の実権を握った中老、菅実秀
（鶴岡市郷土資料館所蔵）

庄内藩家老、松平親懐
（鶴岡市郷土資料館所蔵）

戸市中取締役をしていた庄内藩だった。当時、江戸留守居をしていた菅は幕閣と頻繁に交渉し、発言力を強めていった。

慶応4年（1868年）1月、京都の南、鳥羽伏見を舞台に新政府軍と幕府軍の間で戦端が開かれ、戊辰戦争に突入した。5月、奥羽越列藩同盟が成立。しかし時局は新政府軍に大きく傾いた。鳥羽伏見の戦いに勝ち、江戸無血開城を果たした新政府軍は、北上して会津藩や庄内藩など奥羽諸藩の制圧に向かった。会津追討令、続いて庄内

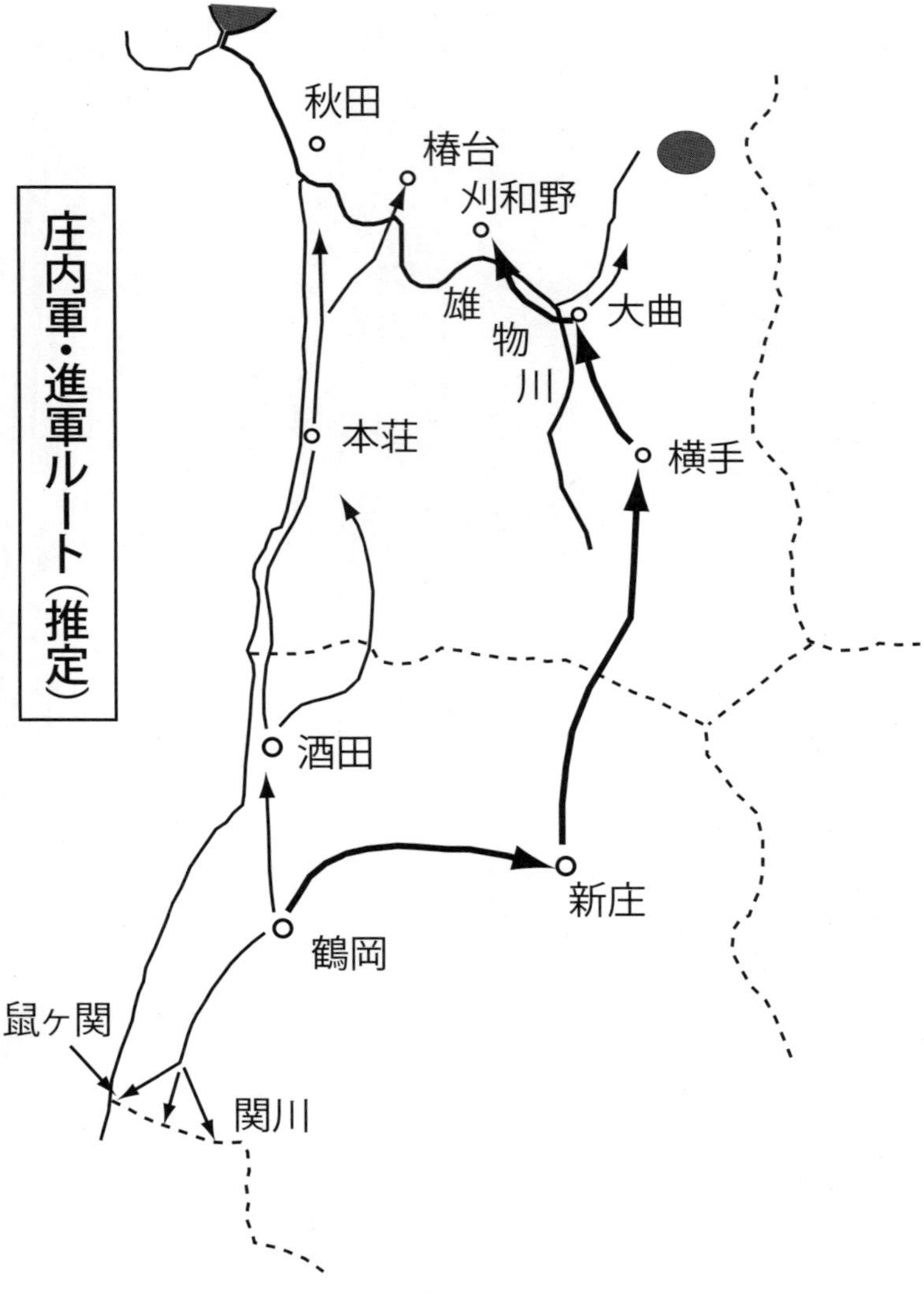
庄内軍・進軍ルート（推定）
秋田
椿台
刈和野
大曲
雄物川
本荘
横手
酒田
新庄
鶴岡
鼠ヶ関
関川

追討令が出された。新政府の攻撃目標は一に会津、二に庄内だった。奥羽越列藩同盟と新政府軍との間で激しい戦いが展開された。

庄内藩は、南部戦線で越後領を攻略して北上する新政府軍と対峙、藩境の鼠ケ関口、関川口で激戦を展開した。

７月、越後・長岡城が落城する。８月、日本海沿岸の鼠ケ関口が新政府軍から総攻撃を受けるが、必死に守る。９月初め、再度攻撃されるが、この時も奮戦して藩境を守り抜いた。

同じ月、鼠ケ関から藩境伝いに山間部に入った関川口が急襲される。関川口は鶴岡への迂回路に当たる。新政府軍が一斉射撃、民家は放火され、子供や女たちが泣き叫んだ。双方に多数の死傷者が出て新政府軍によって関川口の集落は占拠される。庄内側は何度か奪還を試みるが果たせず。しかし、ここより鶴岡側への侵入は食い止めた。

東部、北部戦線では、新政府軍に寝返った新庄藩や秋田藩と戦った。

７月、秋田藩・新政府連合軍が庄内を目指して進軍を開始、戦端が開かれた。庄内藩は東へ進軍、新庄城を攻撃して開城させた。8月、仙台藩、米沢藩の支援も受け、藩境を峠越えして横手城を攻略した。連戦連勝で、9月、秋田城下にあと一歩と迫る破竹の勢い。

日本海側も矢島、本荘、亀田を落とし、秋田城下に迫った。そうして雄物川を挟んで連合軍と対峙、両岸で戦闘を繰り返す。一時は渡河し、刈和野、椿台周辺で戦った。庄内軍は、あっという間に秋田藩領の半ばを占領し、士気は大いに上がった。

庄内藩は、本間家の金策でオランダ商人・スネルを通じて酒田港へ最新式の武器を密輸入、装備は奥羽諸藩の中で最も優れていた。対する連合軍の主力・秋田藩兵は刀や槍、火縄銃と旧式で、武器に格段の差があった。酒田では町兵を編成、周辺の農村で農兵を募った。町兵・農兵の総計は2000人を超えた。

秋田戦線では、間もなく薩摩、長州、佐賀、小倉、島原、福岡など九州諸藩を中心に新政府側の増援部隊が駆け付けた。特に佐賀藩のアームストロング砲に威圧され、膠着状態が続く。やがて列藩同盟の米沢藩が降伏し新政府軍は本格的に庄内へ進軍を開始。9月22日、ついに会津若松城が開城、最後まで抗戦していた庄内藩も降伏した。

しかし、結果は降伏だが、奥羽の列藩同盟の中で唯一、事実上の勝利を得たのが庄内藩だった。この意味は大変に大きかった。

薩摩藩出身の北陸道鎮撫総督府参謀・黒田清隆、大総督府参謀・西郷隆盛らが鶴ケ岡城に入城、城内や武器の点検を行った。新政府軍の兵士が町にあふれ、商家や近郷の農家が宿舎に割り当てられた。

新政府軍に最後まで抵抗した庄内藩だから、相応の処分がなされると見られていた。しかし、敗戦の結果を受けた処分は寛大なものであった。２万石減らされて12万石にされただけであり、前藩主の弟・酒井忠宝《ただみち》に家名存続が許された。

会津藩は戊辰戦争の敗戦後、28万石（預かり地を含む）から3万石に減らされ、陸奥の下北半島と三戸・五戸地方（現在の青森県）に転封された。３万石とはいっても実高７０００石にすぎない。そこに藩士と家族計１万７０００人が移住した。転封といっても実際は「挙藩流罪」である。冬を迎え、凍死した者が相次いだ。食料は無く、犬の肉さえ口にしたと旧会津藩士たちは回顧録に記している。辛酸を嘗めさせられた極貧の暮らしぶりは、さまざまな物語となって今に伝わる。庄内藩に対する処分との、あまりの違いである。

庄内と会津は、共通点がある。

会津藩の藩祖・保科正之は、三代将軍・家光の異母弟であり、家光と四代将軍・家綱を補佐し、副将軍の地位にあった。そして「将軍家に一心に忠勤を尽くすべし。二心を抱けば、わが子孫にあらず」という家訓を残した。徳川宗家に極めて近く、庄内藩と同様、幕府を守らなくてはならない立場にあった。

会津は雪国であり、四方を山に囲まれ、雪解け水が一年中、盆地を潤す。水不足がない所だ。太平洋側に吹くヤマセは奥羽山脈で阻まれる。夏は暑く、冷害というものが、ほぼない。土地が豊かで、農業生産力は極めて高い。

庄内と会津の違いは、海があることと、ないことだ。

幕末、庄内沖に異国船が出没し、庄内藩は海防強化の必要性に迫られた。藩内に御用金を課し、軍事力強化策を進めた。戊辰戦争で庄内藩は、本間家の資金を元に酒田港から武器商人・スネルを通じて最新の武器を密輸入した。

会津藩は、同じくスネルから新潟港を舞台に武器を密輸入しようとした。しかし新潟港は他領である。新政府軍に落とされ、補給が止まり、計画は思惑通り進まなかった。そして会津には本間家ほどの豪商は存在しなかった。

本間家のような豪商が育ったのは、庄内という土地が最上川の舟運、日本海航路の拠点である酒田港を持っていたからではないか。海があるのとないとの差は、大きい。

戊辰戦争で、会津藩は越後口、日光口、白河口の藩境に精鋭部隊を分散、配置した。そのすきを突いて、新政府軍は中通りの本宮、母成峠から入り、猪苗代を突破、あっという間に若松城下に進攻した。会津は新政府軍の集中砲火を浴び、「守りの戦争」に終始した。城下にいたのは女、子供、老人ばかりで、これが、銃を手にした山本八重子の奮戦記や、白虎隊の少年たちの悲劇、家老・西郷頼母邸では、留守を預かっていた妻や娘たち、親戚など一族21人が集団自害するという悲劇を招いた。

会津藩の「守りの戦争」に比べて、庄内藩は逆に、新政府軍側の藩に進攻する「攻めの戦争」を展開した。この違いは、後に天と地ほどの差になって現れた。

明治維新の立役者、西郷隆盛
（国立国会図書館ウェブサイトより）

戊辰戦争で、庄内藩は新政府軍の兵を（関川口を除いて）一兵たりとも領内に入れなかった。奥羽諸藩が敗北を続ける中、庄内藩は大いに善戦した。寛大な処分は、すべて明治維新の立役者である西郷隆盛の指示による。庄内藩が、もし戊辰戦争で敗北していたら、寛大な処分はなかっただろう。鶴ケ岡城開城の際、西郷の計らいで藩士は帯刀を許された。敗者に対する扱いではない。

あるいは、戦いが終わって庄内藩の松平親懐や菅実秀らが、庄内武士団の善後策に懸命に奔走する姿を見て、西郷が同情的になったともいわれる。あるいは、江戸の薩摩藩邸焼き打ちの際、挑発に乗ってくれたことに対する一種の「謝恩」の意味もあったのかもしれない。解釈はさまざまだが、それも庄内藩が「負けない戦争をした」という大前提に立ってのことである。力で領土を掻き取る。戦争結果がすべてであり、それが武士の世界の論理だった。

寛大な処分が西郷の指導によることを知った庄内藩第一の実力者、菅実秀は以後、急速に西郷に接近していく。

西郷隆盛については、現在においてもさまざまな評価がなされている。言葉一つで人の評価を決めるのはなかなか難しいものだが、ただ彼の思想、行動の基盤は、結局のところ「下級武士」にあるという側面は否定できない。下級武士から身を起こし、維新変革の大立者となった西郷にとって、維新で数多くの下級武士が血を流し、時代を転換した中心勢力である士族たちに対する、その後の厳しい対処は堪えられなかったのであろう。菅らが奔走したのは、領内の農民のためでも商人のためでもない、庄内武士団のためだった。サムライのために奔走する菅らに、西郷は己と通じるものを感じたに違いない。

明治4年の廃藩置県後、薩摩藩は鹿児島県となる。

「鹿児島県では、県令以下の県庁の役人や区長、戸長の名称は、中央政府が定めた全国一般の名称を用いたが、県令大山綱良以下の役人に一人も県外人をいれず、区長・戸長・警察官にいたるまで、すべて私学校とその分校の幹部をあて、県政は中央政府の法令とは無関係に、軍事組織でもあれば政治組織でもある私学校の指導で行われた。むろん県下の租税は一銭も中央に上げなかった。ここでは秩禄処分も地租改正もなく、太陽暦も採用せず旧暦を守り、士族は相変わらず刀をさし、銃器と弾薬をもち、西郷の命令一下ただちに戦闘態勢にうつれるように組織され、訓練されていた。つまりこれは、事実上中央政府から独立した、薩摩、大隅の二国と日向の一部を領土とする一個の地方軍閥政権であった。そして西郷自身はなんの役に

もつかず、それらを超越した最高権威・最高指導者として、悠然と君臨していた」（編注１）

つまり鹿児島県は藩から県へ名称が替わっただけで、実質は藩政時代と変わるところがなかった。それを可能ならしめたのは、西郷の隠然たる力による。西郷の力によって第二の鹿児島県とも言うべき県が成立した。それが酒田県（第２次）だった。その様子は、こう記されている。

「大参事に松平親懐（旧藩家老）、権大参事に自ら（菅実秀、旧藩中老）を任じ、その輩下の七等出仕一人、大属三人、八等出仕一人、権大属三人、中属四人、権中属一人と少属四人等の人材はことごとく士族をもってあてた。しかし、こうした旧藩士採用の重視は、上中級の官吏ばかりでなく、権小属五人、一二等出仕二人、史生二人、一四等出仕一人、県学二人、一五等出仕一人の採用にも及んだ。従って徒士足軽の輩も権小属や一三等出仕以下の役に採用されたし、かつて、郡代、郡奉行、代官に任じた者は、庶務、出納、租税等の各課に配され、町奉行、徒士、足軽見付等は断獄課に属させる等、すべて旧藩時代に藩務を担当した者が多く新補された。

鹿児島に遊学した庄内士族たち（鶴岡市郷土資料館所蔵）

一県の役人が旧藩士によって占拠したケースは、全国でも実に珍しいことで、鹿児島県に同一ケースがあるだけである」（編注2）

酒田県は上級、中級、下級まで、役人はみな旧藩士の士族を採用した。全国で鹿児島県と酒田県の二県に限り、旧藩時代そのままの形を継いでいた。酒田県は明治4年の藩兵解散命令を無視し、庄内武士団をそのまま維持していた。菅らは士族授産事業に力を入れた。それらも、すべて中央政府にあった西郷の力を頼み、指導を仰いだ。酒田県は「北方の鹿児島県」の如き様相を呈するに至る。

旧藩主酒井忠篤が、旧藩士50余人を率いて鹿児島に内地留学、西郷に師事した。後の忠篤、忠宝兄弟のドイツ留学も西郷の力による。明治22年2月11日、大日本帝国憲法発布の日、明治天皇の君恩によって西郷の賊名が解かれると旧庄内藩士は喜びを表し、かつて西郷に受けた教訓を集録して一冊にまとめ、『南洲翁遺訓』として後の人々に残した。

西郷が征韓論で敗れ、下野して後、鹿児島県と共に酒田県が明治政府の注視するところとなる。薩摩藩出身、大久保利通直系の三島通庸が明治7年、酒田県令を命ぜられて赴任したのも来るべき西南戦争に事前に対処した処置であった。

以上のような時代状況の中で庄内ワッパ事件が発生、展開する。庄内地方は、戊辰戦争後も旧藩時代とほとんど変わるところはなかった。戊辰戦争で藩は善戦したが、領民は苦しんだ。庄内の民衆にとって、「御一新」は、まだやって来ていなかった。

第2章　守旧派のほころび

明治初年の転封阻止運動

戊辰戦争で新政府軍に降伏した庄内藩だが、酒井家の存続は認められた。しかし、間もなく会津若松への転封を命ぜられた。会津若松は、戊辰戦争の戦火で町中が焼け野原になった。旧会津藩士は下北半島や北海道、東京、関西方面へと全国各地に散り散りになった。残された商人たちは、焦土からどうはい上がっていくのか考えあぐねていた。農民たちは、戦乱に巻き込まれ疲れ果てていた。確かにそこに他郷の人間が越して来て一体何をどうすればいいというのか、庄内藩も困惑したであろう。

藩首脳は、あくまで庄内に留まろうとした。京都の岩倉具視、三条実美らに献金して転封阻止運動を開始。戊辰戦争の際に鶴岡に入城した黒田清隆にも同様の工作をした。次いで藩の農民71人が上京、転封阻止の嘆願書を新政府に提出した。

嘆願書の内容は次の通り。

「…天ニ茂地ニ茂斯ル大主君者無御座候様従来存詰罷在、多年之御治世ニ而大平を唱候茂全天朝之御恩恵と難有奉存候、付而茂親ク酒井家之領分ニ生立、累年預撫育候領主之替リ候と申様之儀夢更存不申処、今度会津地江所替被仰付候趣承リ候哉否、誠ニ盲人之杖を被取候と申歟、実ニ闇夜ニ燈火を失ひ日月も地ニ落候心地ニ而…如何成成敗可有之哉心配者仕候得共、此上実以致方無之、不得止事東京江罷越登乍恐嘆願仕候外無之儀」（原文ママ）

これを現代文に書き直すと、次のようになる〈以下、筆者が現代文で表記したものなどについては（現代文で）と冠を付ける。短文の場合、（　）で補う場合もある〉。

（現代文で）

「天にも地にもこのような君主（酒井家）はおりません。そこで（東京に）参りました。主君の治世は長く、しかも大平（泰平）でした。それも天子様の御恩恵と、ありがたく思っています。酒井家の領国に生まれ、多年にわたりいつくしみ育てられてきました。（今回、）領主が替わると聞き、全く思いもかけないことです。今度、会津へ所替えを仰せつけられたと承りましたが、それは目の不自由な人が杖を取られてしまうのと同じようなもの。実に闇夜で燈火を失い、太陽や月まで地に落ちたような気持ちです。どんな成敗を受けるか心配ではありますが（私たちは）致し方なく、やむを得ず東京へ来て、恐れながら嘆願するしかないと思った次第です」

（編注3）

酒井家を失うことは「闇夜で燈火を失う」ほど悲しい。農民たちは処罰覚悟で上京、嘆願に及んだという。

しかし、これを言葉通り受け取るわけにはいかない。転封阻止運動で上京、嘆願した農民たちは、藩から金を受け取ったり、酒をご馳走になったりした。東京滞在15日間のうち嘆願活動を行ったのはわずか4日間。後は東京見物をしたり、休息したりという状態だ。上京した農民は村役人や村役人クラスの上層農民であった。藩—大庄屋—村役人による嘆願で、今流に言えば「やらせ」ということだろう。

この時期、本間家は藩に2万両を献金している。

明治2年5月、新政府は、会津を直轄地の若松県とした。これにより庄内藩の会津若松転封は白紙に戻された。ところが6月、今度は磐城平への転封命令が出された。ここも戊辰戦争の舞台、磐城平藩が新政府軍に敗れた、その場所である。藩首脳と本間光美（6代目当主）による磐城平転封阻止運動が始められた。時の大蔵大輔・大隈重信に、本間光美は粘り強く接触した。

成立したばかりの明治新政府は、三井組、小野組、島田組など三都の大商人から資金を調達することで経済的基盤をつくっていた。酒田の大富豪・本間家も政府の注目するところとなる。

7月、「今般、格別の御詮議を以て改めて荘内へ復帰、金七十万両献納被仰付候事」（編注4）と、太政官より通達があった。70万両献金と引き換えに、庄内復帰を認めるという内容である。

70万両もの資金調達は、豊かな土地を抱え、本間家もいる庄内藩にとっても厳しいものだった。70万両のうち、まず30万両の献金を「御永城寸志金」と称して領民から徴収した。内訳は藩士29％、町人21％、農民47％、ほか3％―となっている。

その30万両を納めたところで、酒井家の庄内復帰は認められた。そして明治2年9月、川南（最上川以南の地域）を大泉藩と名称を改め、酒井家は家名存続した。

しかし残りの40万両はどうするのか、藩首脳は頭を痛めた。翌年、事態が急展開、新政府・内務卿大久保利通の提議で残金40万両の免除が決まった。政府中枢で何があったのか定かではないが、藩首脳は胸をなで下ろしたことだろう（薩摩藩が新政府に働きかけたという風説が一部流れた）。しかし藩は、半額免除になったのを隠し、領民に知らせることはなかった。農民たちへの寸志金調達はなお続けられ、この問題で長く苦しんだ。

天狗騒動

川南は、献金と引き換えに庄内藩から大泉藩と名称を変えただけで旧体制の維持に成功した。では川北（最上川以北の地域）はどうなったのか。

行政区の変遷

明治元年～９年

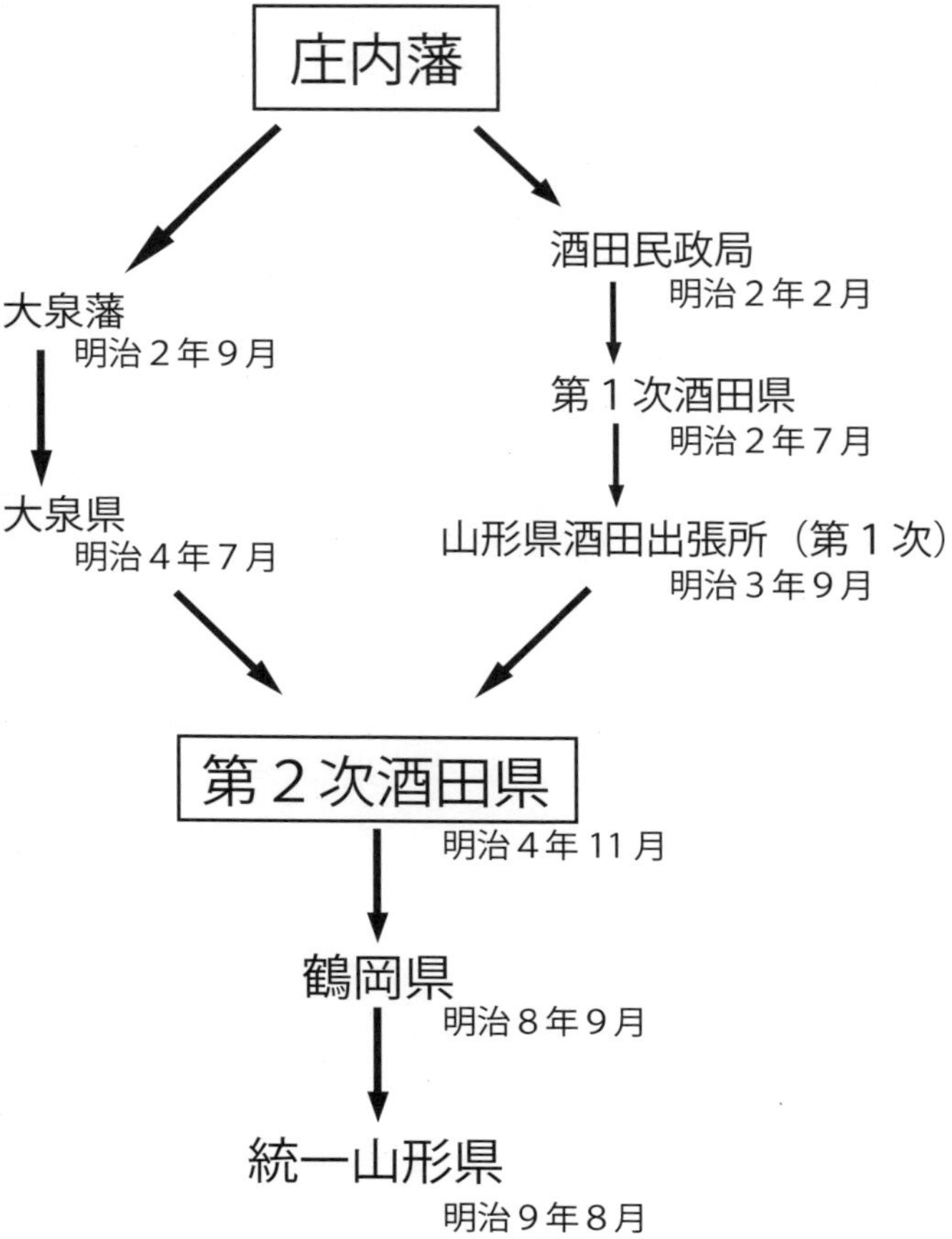

戊辰戦争で藩が降伏した後、川北の中心、酒田には新政府軍の参謀・桂太郎（長州藩士。後、首相）が入った。町は新政府軍の兵士で埋め尽くされ、商家は各隊の宿舎に当てられた。酒田は軍政下に置かれ、さらに明治２年２月、藩の支城・亀ケ崎城に酒田民政局を開設、次いで７月、酒田県（第１次）を設置した。維新以来、国の直轄地の扱いになっていた。

酒田県庁は亀ケ崎城跡に置かれた
土塁が城跡の面影を残す

明治２年10月、その酒田県で川北三郷（荒瀬、平田、遊佐）の農民を中心として起きたのが「天狗騒動」だった。凶作を機に農民は「天狗党」を組織し、村ごとに資金を集め、第1次酒田県に18カ条の要求書を提出した。大庄屋・肝煎の費用負担や雑税の軽減・廃止、税の取り立て方法の改正、諸帳簿の公開要求などで、ほかに戊辰戦争の際に負担させられた物品の返還、費用弁済を要求した。

戊辰戦争で、領民は新政府軍や庄内藩に宿を提供させられ、飲食や寝具、着物、家具、篝火用の薪などを出させられ、人足の調達や軍用金まで求められた。「あの時出させられた物品や、掛かった費用を返してほしい」。町民も農民も戊辰戦争の重荷を引きずっていた。「維新以来、かえって取り立てがかさみ、難儀している」と農民は口々に語った（後のワッパ事件でも、戊辰戦争時の費用負担の弁済を求める訴えが、各村で起きた）。

酒田県は雑税の一部を免除したが、これを不満とする川北三郷の農民は集会を開いて再度、要求書を提出した。

天狗党は未加入の郷村に加入を呼び掛けて組織を強化し、酒田の町なかに常設の会所を置いて県を監視した。あるいは農民数千人規模の集会を開き、大庄屋、肝煎、大百姓に打ち壊しをかけた。

港町・酒田では、本間家の金融支配下にある「特権商人」と、本間系から排除された「非特権商人」の対立が深まった。前者を代表する人物が尾関又兵衛であり、後者を代表する人物を長浜五郎吉と言った。

この年、政府は「府県の年貢米を東京回米とする」と決定した。維新後の米の流通改革で、これを受けて酒田県は1万数千石だけを酒田港で払い下げ、残りを東京回米とする方針を示した。

酒田の商人たちは「仕事を奪われる」と一斉に反発した。さらに酒田港での払米（藩の年貢米を、民間に売却すること）を独占しようとする尾関又兵衛ら特権商人と、除外された長浜五郎吉ら非特権商人の対立が激化した。農民と非特権商人の反発に、酒田県は窮地に立たされた。当時の酒田県は、農民の動きを制するほどの軍事力・警察力を持っていなかった。

明治4年7月、廃藩置県が断行され、川南の大泉藩は大泉県となる。そこで中央政府は、川北と川南を併合させ、川北の天狗騒動を、川南に温存されていた庄内武士団の力で抑えようとした。11月、山形県（第1次）酒田出張所は大泉県と合併され、第2次酒田県が成立した。庄内武士団が総動員され、川北の農民の動きを力で封じ込め、足掛け4年にわたる天狗騒動は鎮圧された。

第2次酒田県の成立は、天狗騒動を抑えるための新政府と旧藩勢力の妥協の産物だったといわれる。

しかし、天狗騒動の背景については、さまざまな見方がある。騒動の発生と時期を同じくして、酒田県の支配を忌避し「旧庄内藩の支配に戻してほしい」という嘆願運動が川北の大庄屋、肝煎層を中心に起きていた。次のような嘆願書がある。

「羽州荘内田川郡之内八十五ケ村并飽海郡村々百姓惣代之者共謹而奉願候、元領主酒井左衛門尉儀元和八年入城以来数百年之間、広大之以慈悲蒙撫育を候重恩難忘候（出羽の国・庄内、田川郡のうち85村と飽海郡の村々の百姓惣代は謹んで申し上げる。元領主酒井様には元和８年の入城以来数百年の間、大きな慈悲をもって育て養われた。恩義は忘れがたい）」で始まる。

（以下、現代文で概略）

「その高恩に報いるため会津若松転封阻止運動をしてきたが、いま天朝の御仁恵によって、旧藩主は庄内復帰となり70万両の献金を命ぜられた。領主の高恩に報いるために、そして天朝の仁恵に報いるためにも死力を尽くして献金に助力しなければならない。しかるに飽海郡村々および田川郡のうち85カ村はこの度酒田県管轄となった。そのため私どもは、献金への助力を通じて領主の高恩に報いる機会を失ってしまった。70万両献金は容易なことではないが、献金を達成するまで当分の間、旧庄内藩支配として私どもにも田川郡農民同様の機会を与えてほしい」（編注５）

領主の恩に報いたい。70万両献金に協力するので、旧庄内藩支配の時代と同様に戻してほしい、というのである。嘆願書を出したのは明治２年11月、天狗騒動が始まった翌月だった。

庄内復帰を目指した嘆願運動の指導者は、天狗騒動で打ち壊しに遭った川北の大庄屋、肝煎、大百姓だった。それは領主を留め置こうと上層農民が動いた幕末から明治初年にかけての転封阻止運動と、内容も訴えの構造も同じである。しかも「維新政府・酒田県は、この運動を大泉藩の勧奨によるものとみなしていたと伝えられる」（編注6）という。「勧奨」とは「すすめ励ますこと」の意味、つまり背後で大泉県の旧藩勢力が動き、上層農民に「やらせ」をしていたという見方である。

ともかくも天狗騒動と川北・川南の合併により、結果的に「酒田県（第2次）」と名を変えただけで、旧領全域を支配下とする元の「庄内藩」に戻ってしまった（42ページの図参照）。石高は23万石に達した。

川北の酒田の本間家は、引き続き既得権益を守ることができた。川南の旧庄内藩主は、新政府からの東京移住命令も聞かず、維新後も鶴岡に留まった。旧藩主の強制移住は、領民に領主の交替、時代の変革を印象づける大きな意味があった。その中、全国の旧大名家で、東京に移らず旧城下に住まい続けたのは酒井家だけである。県令は置かれず、第2次酒田県（＝旧庄内藩）は、引き続き松平親懐が参事を、菅実秀が権参事を務め、県政を掌握した。
そうして、天狗騒動の雑税廃止要求は、後のワッパ事件に引き継がれたのである。

松ケ岡開墾事業

明治5年4月、酒田県は菅実秀らが中心になって、士族授産のための養蚕事業に着手した。場所は鶴岡の東南8キロ、月山に連なるなだらかな丘陵地帯・後田山を選んだ。ここに旧藩主が休憩所に使っていた御茶屋を移築し、開墾地の本陣とした。開墾事業が始まり旧藩主が現地を訪れ、そこを「松ケ岡」と命名、御茶屋は「松ケ岡本陣」と呼ばれた。

士族3000人を動員、106ヘクタールの山林原野を開墾して桑を植え、生糸の生産を目指した。開墾事業に対し本間家をはじめ特権商人は全面的に協力、西郷は新政府内にあって積極的に支援した（西郷の下野は、その翌年）。これに高寺、

開墾地に設けられた松ケ岡本陣（鶴岡市郷土資料館所蔵）

馬渡、黒川村の２００ヘクタールを加え、合計３００ヘクタールの開墾事業を開始した。

酒田県は、松ケ岡開墾のために農民から人足や物品を「寸志」として半ば強制的に徴発した。また、「種《たね》夫《ふ》食《じき》利《り》米《まい》」の大部分を松ケ岡の開墾費に充てた。「種」は米の種子。「夫食」は農民の食料とする米穀。田畑が少なかったり、凶作などで生活が困難になったりした農民に対して領主が貸し付けた。「利米」は、借米の利息として払う米だ。つまり貧しい農民や凶作で困った農民に貸し付け、返させた利息付きの米穀である。１カ年の貸付で、利子が３割に上る。農民の不満は高まった。

一方、帰農させられた士族たちの間でも、事業の強制に反対する者が現れた。明治6年3月、松ケ岡で鍬を取っていた旧新徴組の者らが脱走し、開墾事業の強制、武士団の不解兵など酒田県首脳、菅らの横暴ぶりを司法省に訴えた。新徴組は各地の寄せ集め集団であり、もともと庄内藩への帰属意識は薄かった。

新徴組ばかりではない。もとの庄内士族とて不満を持つ者が多数いた。松ケ岡に入った開墾士族は冬から春、肥料用に塵芥《じんかい》をソリに載せ、雪路の上を走らせ鶴岡から開墾地へ運んだ。春から夏は風雨や酷暑の

松ケ岡開墾に従事した庄内士族（鶴岡市郷土資料館所蔵）

下、糞桶《ふんおけ》を担いで桑苗の植樹や管理の作業に当たった。誇り高い庄内武士にとっては、耐え難い日々だっただろう。

旧藩時代以来、松平、菅らの主流派に乗らない反主流派の士族グループがあった。彼らは「改良派士族」と呼ばれた。代表格が金井《かない》質直《ただなお》兄弟だ。金井ら改良派士族は松平・菅体制を批判、①政府の布告を速やかに伝えない②財務を私している③旧藩兵を解散しない④松ケ岡開墾を士族（旧藩士）に強制している―など奸悪10カ条を書き連ね、大挙して司法省に訴えた。松ケ岡開墾は、士族に対する一方的な強制であり、加

松ケ岡開墾地の養蚕場（鶴岡市郷土資料館所蔵）

えて「士族の私生活を維持するための開墾は、士族の力において行うべきだ。転封阻止のために徴収した献金を流用したり、官権を濫用して農民を使役したりするのは許されるものではない」と、酒田県政を厳しく批判した。（編注7）

農民の負担は一日一日増していった。提供させられた物品とは萱、柴、杭、桶、薪、桑、漆などだった。その上、人足として出させられ、道路の普請や苗木の植え付けをさせられた。40キロ離れた村にも人足が要求された。病人にも課せられた（金納で代行）。使役された人々は、延べ何万人にも達する。それらはすべて農民からの「寸志」というのである。しかし、「寸志」とはどこまでの負担を指すのか。戸長らは「賃銭はないものと心得よ」とか「後で支払われるのかどうか、分からない。県庁のお達しだから」と言うばかりだった。

士族授産で始まった松ケ岡開墾事業は、「酒田県当局・特権商人」と「農民・改良派士族・非特権商人」の対立構図を明確にしていくものであった。

第3章　庄内ワッパ事件——立ち上がる民衆

石代納要求、金井県・石代会社の創設

明治5年10月、政府は太政官布告第二二二号により「田畑の年貢米や雑税米を、現物でなく、金納でしてよい」とする「石代納許可」の通達を出した。地租改正事業を行うための事前の措置であった。

しかし、酒田県はこれを無視、農民に従来通り米による現物納を強制し、その米を酒田や鶴岡の特権商人に引き取らせ、換金の上、租税を県に上納させた。当時米価は急騰し、明治６年から７年にかけては10円につき米９俵２分から５俵余に騰貴するという状況だった。つまり現物納をすることにより、石代納（金納）の２倍の負担を強いられた。差額分は特権商人と県当局の懐に入り、その多くが松ケ岡開墾事業に充てられた。

これを知った農民は激怒した。「余分に払った税金を返せ」と訴え、「一人一人に

ワッパ一杯分の銭が戻るはずだ」を合言葉に立ち上がったのが「庄内ワッパ事件」である。

石代納許可の布告を拒み続けた酒田県だが、隠し通せるはずはない。周囲の県では実施されているのだから。旅の者や飛脚からの情報、他領に行った際に話を聞かされた農民だっている。明治6年末辺りから石代納許可の噂が広まっていた。

翌7年1月、最も早く石代納許可を酒田県に願い出たのは、片貝村の鈴木《すずき》弥右衛《やえ》門《もん》だった。片貝村は鶴岡から南、月山に向かう途中、赤川の西側にある。弥右衛門は広い水田を持ち酒造業も営む上層農民で、「かねて大蔵省より石代納の布告があったと聞き、そのつもりで手続きを進めた」と言う。

自分の年貢米のほか、近郷農民の年貢米納入の仕事も請け負っていて、40数人分、合計800俵分の租税を金納するつもりでいた。戸長に願い出ると「年貢米の金納は認めがたい」と言われた。再度、願い出る。「どれほどの金納を願いたいのか、代金を持参せよ」との返事。弥右衛門は金策に走り回り、大金をかき集めて持参した。すると戸長は「昨日なら間に合ったのだが、既にその分は別の者から借用し、県庁に納めてしまった」と言う。「借用した金を返却して、自分に金納ができるように取り計らってほしい」と依頼したが、拒まれた。

困り果てた弥右衛門は、やむなく懇意にしていた改良派士族の本多《ほんだ》允釐《いんり》に苦情を告げ、どうしたものか相談した。

本多は「なぜ石代納ができないのか」と戸長に問い合わせた。後日、戸長は「県の租税局にうかがったが、石代納は許可できないとのことだった。弥右衛門がどうしても納得しないので、結果は分からないが、村役人を通じて願書を出すように言った」と書き送ってきた。

庄内ワッパ事件の指導者士族、本多允釐
（鶴岡市郷土資料館所蔵）

本多は承知せず、再度、戸長に掛け合うと「年貢米を、弥右衛門から急ぎ取り立てることになった。租税局からの沙汰である」と言う。

本多は、今度は県官に直談判した。県官は「米は値段の動きがあり、皆の者に米納を命じた。弥右衛門一人に金納を許可するわけにはいかない」と言う。本多は「金納ではどういう差し支えがあるのか」と食い下がった。県官は何も言わず。本多は、県側に訴訟を起こすと伝えると「訴状を出すなら戸長を通じて参事あてに出せ」と言ってきた。

こうして弥右衛門は、戸長を通じて酒田県へ訴状を提出することになった。

① 私は規則通り石代納をしたいと思い、たびたび戸長宅に出向いて願った。しかし、聞き入れられなかった。従来通りのやり方で速やかに皆済せよとの租税局の沙汰を伝えられたが、それでは納得できない。

② 本多允釐様に頼み租税局に理由を問いただしてもらったところ、県官が言うに「米には値段の動きがある。金納を命じては差し支えも生じるので皆の者に米納を命じた。弥右衛門一人に金納を許すわけにはいかない」とのことだった。

③ 農民には今もって通達されてはいないが、かねて大蔵省から石代納の布告

があったと聞き、そのつもりで石代納の準備をしていた。今になって租税局から思いもかけない沙汰を受け、米納を催促されて大変困っている。

④　この上は、訴訟する以外に手だてはないと決心した。曲直を裁判で下さるようお願いする。

事実経過と訴状の内容は、以上の通りだった。（編注８）

弥右衛門に続いて動いたのが鶴岡の西、大淀川村の佐藤八郎兵衛で、彼もまた大きな農家だった。大淀川村では地券調べ関係の雑税取り立てが大きくて困っていると、懇意にしていた本多允釐に愚痴をこぼした。本多から、片貝村の鈴木弥右衛門が石代納を県に訴えていると聞かされ、さらに「大蔵省の布達もあるので、石代納は許可されるだろう。米価が上がっているので、地券の雑税の補いにもなる」と言われた。八郎兵衛は、石代納の件を本多に依頼、願書を書いてもらった。そうして石代納要求を上清水村の白幡五右衛門や前野仁助らに相談し、周辺の16カ村連印で願い出ることにした。ここでは弁舌の利く白幡五右衛門が村々の総代に選ばれ、戸長に訴え出た。
石代納問題をきっかけに明治6年から13年まで、7年に及ぶ長期の農民闘争はこうして開始された。事件は庄内全域に拡大し、最大1万数千人の農民が参加したといわれる。

まず事件を時系列で見る。
① 石代納許可の要求運動
② 金井県・石代会社の創設
③ 雑税廃止の要求
④ 諸帳簿公開の要求
⑤ 村役人に対する不正追及
⑥ 過納金償還訴訟
⑦ 一揆の解体、自由民権運動への継承

次に対立の図式を見る＝【図1】。

【図1】

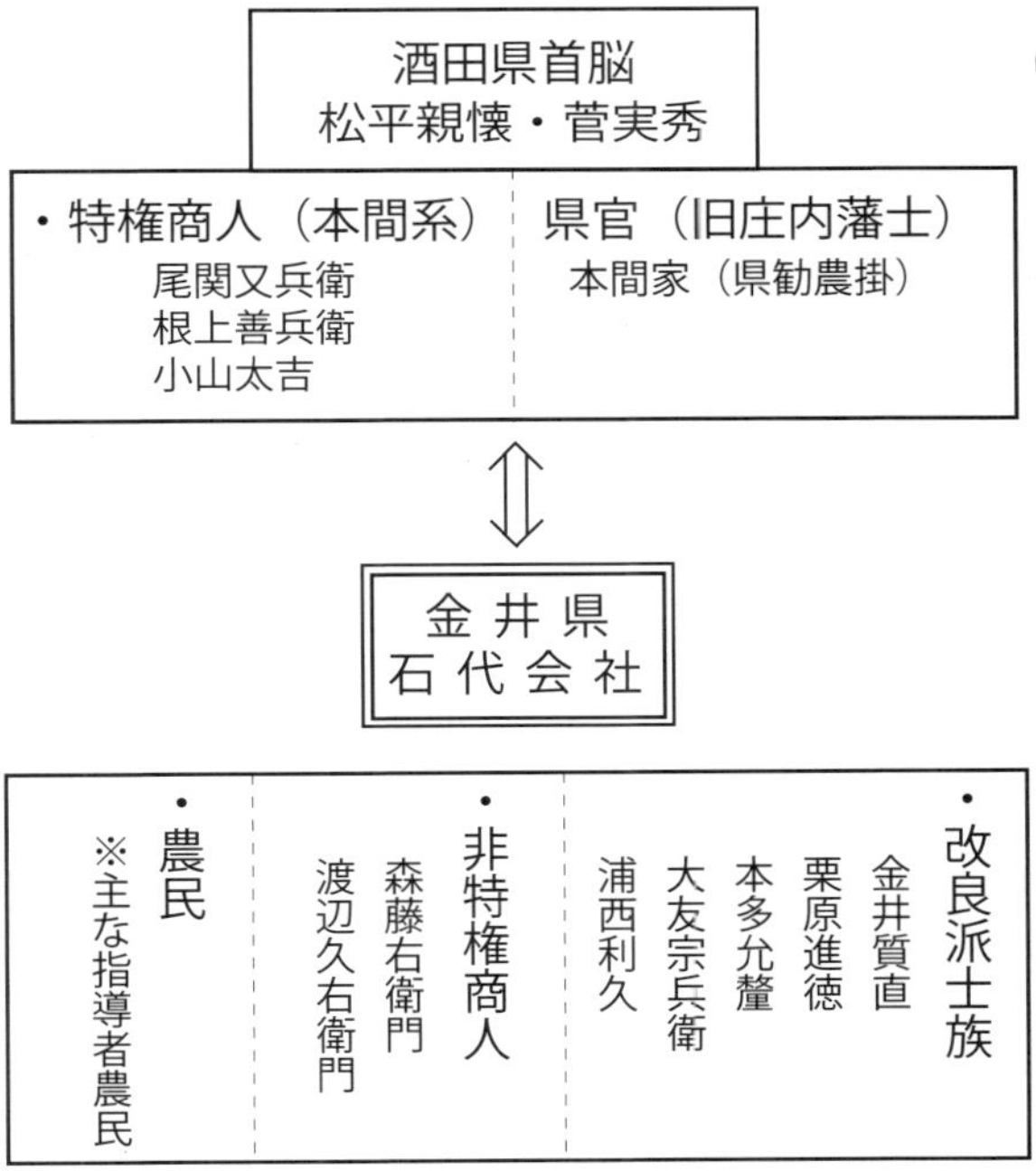

※主な指導者農民
鈴木弥右衛門
佐藤八郎兵衛
斎藤甚助
板垣法勧（隆安寺住職）
白幡五右衛門（魚売り商人）
渡会重吉
佐藤七兵衛
前野仁助
板垣義右衛門
佐藤与吉
佐藤直吉
板垣金蔵
前野勘右衛門
加藤久作
五十嵐作兵衛
剣持寅蔵
大滝七兵衛
（参加農民の総数1万数千人）

事件は、石代納問題をきっかけに「酒田県」の秕政を告発した「農民運動」である。これに「酒田県政主流派」と反主流派の「改良派士族」との対立、本間系の御用商人である「特権商人」と系列外の「非特権商人」の対立が加わった。農民、改良派士族、非特権商人の三者の利害が一致、連合したところで「金井県」「石代会社」の創設をみる。

ではそもそも農民は改良派士族とどんな経緯で結びついたのだろうか。鶴岡城下を鳥瞰して、農民運動の協力者たちを見てみよう。

改良派士族の中心は金井兄弟である。金井兄弟とは、金井質直、栗原進徳、本多允釐の3兄弟を指す。金井家は鶴ケ岡城の北東すぐの所にあり、400石を給された家柄だった。

長男の質直は江戸に上り長沼流兵学を学んだ。家督を継ぎ、幕末、蝦夷地（北海道）警衛の郡代を務めたこともある。戊辰戦争後、酒田県になってからは権大属となり庶務課に属した。しかし、県首脳は松平親懐、菅実秀ら戊辰戦争の戦後処理で功労のあった士族で占められた。質直はその埒外に置かれ、不満の日々を送っていた。が、やがて県の横暴を猛然と攻撃するに至る。松ケ岡開墾や石代納をめぐる農民運動が起こると、運動全体の指導者となっていく。

次男の進徳は栗原家の養子に入り、鶴岡・代官町に住んだ。兄の質直らと県の秕政を司法省に訴えた。後、法律学校を創設するなど民権家として活躍する。

3男が允釐で、藩校・致道館で学び才子の評があった。本多家の養子になり、鶴岡・馬場町に住んだ。特にワッパ事件で目立つのは、本多の動きである。

明治初期の鶴岡城下の地図に事件関係者の居宅の位置を示した（推定図）。彼らは城の東部と北部に、それぞれ近い場所に住んでいたのが分かる。商家や茶屋は、大手口を出た内川の周辺にあった。

金井3兄弟の中で本多允釐は、改良派士族と農民を結びつける重要な役割を果たした。次の資料がそれをよく示している。

「本多允釐は、鶴岡の代家（たや）に出入りする農民の相談相手となっていたが、

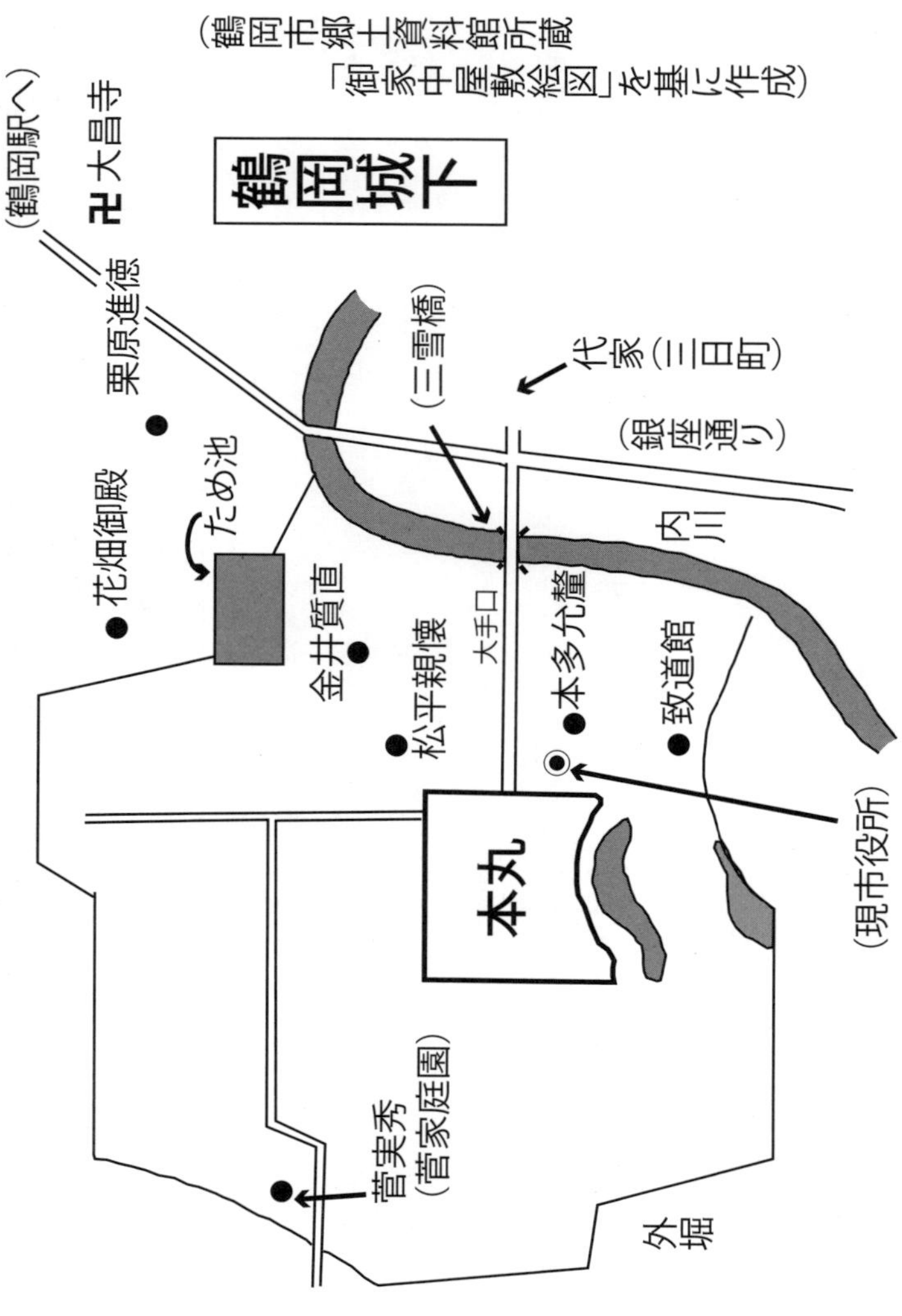
鶴岡城下
（鶴岡市郷土資料館所蔵
「御家中屋敷絵図」を基に作成）
（鶴岡駅へ）
卍大昌寺
栗原進徳
花畑御殿
ため池
金井質直
松平親懐
大手口
（三雪橋）
代家（三日町）
（銀座通り）
内川
本多允釐
致道館
（現市役所）
本丸
菅実秀
（菅家庭園）
外堀

石代納の発覚に農民の激するを見て、先には献金の醜事あり、更に開墾費の私徴あり、廃藩と共に旧藩当局が与内米（農民共有財産）を私に処分したる事実を告げ、農民の奮起を促し、これ等の事件が有利に解決すれば何十万両にも達する金銭を取り返す事が出来、これはワッパ（曲物で作った食器）を以てしても庄内全農民に分配することが出来ると告げた。ワッパ騒動の名称はこれから生まれた」（編注9）

代家は鶴岡城下に置かれた郷宿で、城下図に示したように三日町橋（現・三雪橋）の先にあった。三日町代家と呼ばれ、村吏や大きな農家が詰所や旅籠屋（宿泊所）として使っていた。本多の家から城の大手口を東へ出てすぐの所で、そこで農民側と接触していた。鈴木弥右衛門や佐藤八郎兵衛とも旧知の間柄だった。

文中の「石代納の発覚」とあるのは石代納許可を酒田県が隠していた問題を指す。「献金の醜事」は転封阻止運動のために徴収された70万両献金問題。「開墾費の私徴」とは士族授産のために始めた松ケ岡開墾事業を言っている。廃藩と共に旧藩当局が「与内米を私に処分したる事実」とある。与内米は比較的富農層から取り立てた税

三雪橋（旧三日町橋）
本多允釐はこの橋を往き来し、代家で農民側の情報収集に動いた

米で、藩が困窮した農民への備えという名目で各組の役所に納めさせていた。それを旧藩当局が勝手に処理したと批判する。

「それらの問題が解決すれば、何十万両の金銭を取り戻すことができる。ワッパ一杯の金銭を庄内の全農民に分配することができる」と本多は話した。「ワッパ一杯に銭が戻る」と言い出したのは、この資料を見る限り本多のようである。

鶴岡城外に目を移す。

改良派士族と農民を結びつけた重要な人物の一人に、先に述べた白幡五右衛門がいる。上清水村に住む魚売り商人で、彼は農民の利害に直接関わりを持っていたわけではないが、商売柄、武家屋敷に出入りする機会が多く改良派士族との「橋渡し役」を務めた。金井、本多とも以前から知り合いだった。またあるときは農民側の代表となって戸長に訴えた。男気は武士に劣らない。武芸を習い、戊辰戦争に参加した経験もある。事件が高揚すると共に、次第に自身が農民側の中心的な指導者として成長していった。

白幡五右衛門の住む上清水村の北に浄土真宗・隆安寺がある。住職は板垣法勧と言い、以前から農民の相談相手になっていた。事件が起きると、寺のお堂を農民集会の場に提供したり、嘆願書の代筆をしたりした。当時多くの農民は文字が書けなかった。板垣自身も農民集会に参加、投獄を体験しながら、やがて農民側の主要な指導者となっていく。

鈴木弥右衛門や佐藤八郎兵衛を先頭に、石代納許可を求める嘆願書が農民側から次々と提出される一方、「石代納許可の通達を知らせなかったのは許せない」と各地で集会が開かれ、運動は改良派士族や魚売り商人、寺の住職まで包み込み、波状

板垣住職がいた隆安寺。後、金井県出張所になった

的に拡大した。酒田県は農民の動きを抑えようと指導者農民を次々に検挙。一方、金井、本多ら改良派士族と前野仁助らの農民は、上京して内務省に農民の釈放や石代納の許可を嘆願した。

明治7年2月、九州で士族による反乱、佐賀の乱が起こると、大蔵卿・大隈重信は、東北地方の士族の動向を探るため「探索」（密偵）を送った。派遣されたのは大江卓（大蔵省、旧仙台藩士）なる人物で、大隈の手元に報告書が届けられた。

報告書は、「該県下、旧大泉藩士族

ノ中、嘗テ旧薩摩藩□□ト死生存亡ヲ倶ニセン、ト盟約セシ事アリト唱ル者アリ（酒田県下、旧大泉藩士族で、旧薩摩藩の□□と生死存亡を共にすると約束した者がいる）」で始まる。参事・松平親懐、権参事・菅実秀ら県幹部は密談の上、鹿児島の西郷隆盛の元に旧藩士を送り込んだ。下野した西郷が、佐賀の乱でどう動くかを探るためで「西郷氏の返事は詳らかではないが、ある時は軽挙を戒めるように言い、ある時はその機はまだ来ていない、とも答えている。戒めていることの方が本当のところかもしれない」と書いている。報告書はこう続く。

（以下、現代文で概略）

「酒田県の政治は、多くは旧習によっている。士族の悪習がはびこっている。ただ一つ酒井家あるのみで朝廷（政府）を無視しているようだ。かつて戊辰戦争で政府軍が庄内城（鶴ケ岡城）を攻撃した時、政府軍は強兵少なく弱兵が多いため庄内藩は抗戦し幸い勝つことが多かったが、政府軍はその時、たまたま柔弱だったことを彼らは知らない。士気の勇烈なこと庄内に及ぶところは他にない、と常に自負する心があるようだ。

しかし今、時勢が変遷しているのを彼らは知らない。酒田県は、表向き藩兵を解体したといっても陰では器械を与え、いざ事あれば隊伍を編成しようと某組・某組と称して松ケ岡開墾に従事させている。開墾に従事させているといっても、その組頭は旧隊長で、指揮動作もラッパを使ったり太鼓を使ったりで、旧藩時代の練兵と変わるところがない。隊伍を抜け、他の仕事をしたいと希望する士族を許さない。開墾に協力せず、自殺に追い込まれた者や殺害された者もいる。司法省に訴え出た者が何人もいる。

酒田県下の反別調（土地調査）では一つも実地調査をせず、すべて各区の戸長を県庁に集め旧籍によって帳簿を作っている。その帳簿を元にしているので、田地の名義はあるが水害で失われたと訴えても戸長は聞かない。そのため不平を訴える者が少なくない。

明治6年の租税米収納の時は、大蔵省が金納を許可した布達を民間に知らせず、元のように米で現物納させている。10円につき13俵の割合で大蔵省に金納し、実際は4俵の相場で売却していた。民間ではこの問題を大いに騒ぎ立て、不正を司法省に訴えようと上京する者が相次いだ。

このほか民間に対する施政は一つとして人々の抑制、束縛にならないことがない。民の憂いや苦難は推して知るべしである」（編注10）

政府内では西郷のバックアップの下、中央の指令を聞かず、旧藩体制を変えようとしない酒田県を以前から警戒する人々がいた。かといって、うかつに西郷側を刺激できなかった。

佐賀の乱は、佐賀藩出身で前参議の江藤新平らが起こした不平士族の反乱。士族１万２０００人が蜂起、佐賀県庁などを攻撃した。新政府は素早く対応して佐賀県庁を奪回、江藤は鹿児島に行き西郷隆盛に支援、挙兵を求めたが、結局断られた。新政府に鎮圧され、江藤ら13人が処刑された。

「佐賀の乱に、西郷は同調しなかった。しかし、いずれ九州でまた反乱が起これば、庄内は応援する。元斗南権大参事の山川大蔵らも衆人を扇動するだろう。そうすれば奥羽や全国の賊徒（反乱軍）が立ち上がる恐れがある」という報告も、大伴千秋という別の「探索」（資料前出同）から大隈の元に届けられた。

山川は戊辰戦争で会津藩家老として会津戦争の指揮を執った人物。戊辰戦争後、会津藩は下北半島に流され、斗南藩と名を変えた。「会津再興」を目指し、斗南藩を指導したのが山川だ。「山川がいつ立つか」、つまり会津が新政府にいつ反乱を起こすのか、鹿児島の西郷と共に注視されていた時期であった。戊辰戦争は、一応は終わっても、反政府軍がいつ蜂起するか分からない緊迫した状況が続いていた。

内務省は、酒田県に石代納について問い合わせをした。これに対し明治7年4月、参事・松平親懐は次のように返答を上申した。

① 酒田県では稲作のほかに産業がなく、しかも貧しい者が多いので、出来秋を外さずに年貢米を納めさせてきた。米を換金してしまえば、その者たちは後日、石代納をしようとしても（ほかの物に使ってしまい）金が出せなくなるのは明らかだ。

②当県では秋末から初春まで陸海の交通が途絶え、米が移出できない。それぞれが貯え置き、上納期限直前に売買しようとすると、悪賢い商人に利益をもたらすだけになる。当地にはそのような事情もあり、戸長の段階で石代納を願わせる「当県石代手続」の方法をとった。

③佐藤八郎兵衛を捕縛したのは、浮言をもって人々を惑わしたためであり、石代納を願い出たためではない。

④鈴木弥右衛門については、特別の理由がないのに一人だけ石代納は認められないと諭した。どこへ訴えようと勝手だが、納税期限は延ばせないと伝えた。

⑤本多允釐らは、米価が騰貴すると農民を扇動して石代納を唱えたが、もし相場が下がれば現物納を望んだに違いない。允釐は士族であり、県政を批判し転覆させようとして動いたと思われる。真に農民の心から出た嘆願ではない。

（編注11）

ここで言う「当県石代手続」とは、具体的には農民に米を現物納させ、戸長が鶴岡の風間幸右衛門や酒田の尾関又兵衛ら有力商人10人に、換金・上納を依頼する仕組みを取っていたことを指している。

3カ月後の明治7年7月、内務省は、内務少丞・松平正直（旧福井藩士。後、初代宮城県令）を酒田に派遣した。松平は、捕縛された佐藤八郎兵衛らの農民を釈放して石代納問題について事情を聴き、県官や郡代や大庄屋ら関係者を酒田に呼び出して取り調べを行った。

調べの結果、松平正直は①石代納については、明治5、6年の分は既に大蔵省に収納してしまったのでそのままとし、7年以降は石代納を認めること②高一歩米は廃止、その他の雑税取り立ては従来通り―という裁定を下した。そして「今後は大人数で集まって騒ぎ立てるようなことはしないように。金井、本多は百姓のためにならない者たちだから、以後近寄らないように」と農民たちを説諭した。

松平正直の裁定を受けて、酒田県はやむなく参事・松平親懐の名で石代納許可の布達を出した。

しかし農民側の不満は収まらない。「明治5、6年の過納租税（年貢米の分）の返還」と「雑税の全面的な廃止」を要求した。

闘争が高揚する中、農民、改良派士族、非特権商人が連合して「金井県」を創設する。自分たちの手による全く新しい県で、名前は指導者・金井兄弟の姓から取った。既成の酒田県を排除した独自の自治組織である。金井県の状況を権参事・菅実秀は内務卿・伊藤博文に次のように報告している。

「今日ノ形勢ニ至ルハ之ヲ煽動スルモノ有テ小民等深ク之ニ依帰スルヨリノ儀明ニ相見現在我方ニ金井県アリト申唱候趣（今日のような状況に至ったのは、これを扇動する者がいて、民がその扇動者に深く頼るようになってしまったことによるのは明らかだ。『現在、わが方に金井県がある』と言っている）」と訴えた。

（以下、現代文で概略）

「金井と申す者は当酒田県士族の金井質直のことで、当時質直は上京していて同居の弟の本多允釐が主となって、ほか同家に寄寓している士族が３、４人いて頗る役人のような体をなし、そのほか農民数名が日々金井宅に詰めている。いかめしそうに官庁の体裁をなし、民間の困り事を解決する―と掲げている。上は県官から下は村役人の扱いに至る事柄まで、何事によらず申し出れば直ちに内務省や司法省など関係する省へ申し立てる、さまざまな事が改善できる、と管内に公然と触れ回っている。

その証拠として先般、自分たち金井兄弟は石代納の問題で上京して訴えたところ、内務省の官員・松平正直が出張してきて取り調べを行った。その結果、石代納問題で入牢させられた農民は解放され、石代納についても酒田県に限り、取り扱いが違っていたのを廃止させることができた。県庁の税の一部も下げ戻させた、などと言って甘言を弄し民心を惑わしている。

一般の民は皆、彼らを信頼しきっている。酒田県庁を軽侮し、戸長や村役人を敵視し、専ら指令を彼の家に仰いで当県庁の告諭や役人の説得を聞こうとしない。彼の家には、県庁のようなものを開設し、あれこれ指令を出している。民は皆、それを頼りにして酒田県を蔑視し、ついには『われわれは金井県だ』と称するに至った」(編注12)

金井県の本庁を鶴岡の金井質直宅に置き、金井宅に寄寓する士族たちを「天朝御役人」と称した。金井県の出張所を、鶴岡の西南、板垣法勧が住職を勤める隆安寺に開設した。隆安寺は鶴岡の西部から日本海側の村々まで管轄した。

川南の農民と改良派士族から始まった闘いに、川北の酒田を中心とする非特権商人が加わった。非特権商人を代表する人物が、森藤右衛門《もりとうえもん》である。森は、やがて庄内ワッパ事件全体を通しての指導者となっていく。

ワッパ事件を自由民権運動へつないだ酒田の商人・森藤右衛門
（鶴岡市郷土資料館所蔵）

森の生家は酒田・本町にあり、酒造業を営んでいた。20代のころ戊辰戦争に参加、町兵として越後藩境で激戦を経験した。もともとは資産家で商人として酒田三十六人衆の一人にもなった。酒田三十六人衆とは商人による自治組織で、町の行政にも預かった。酒田は北前船が出入りする賑やかな港町で、上方や江戸の文化が盛んに

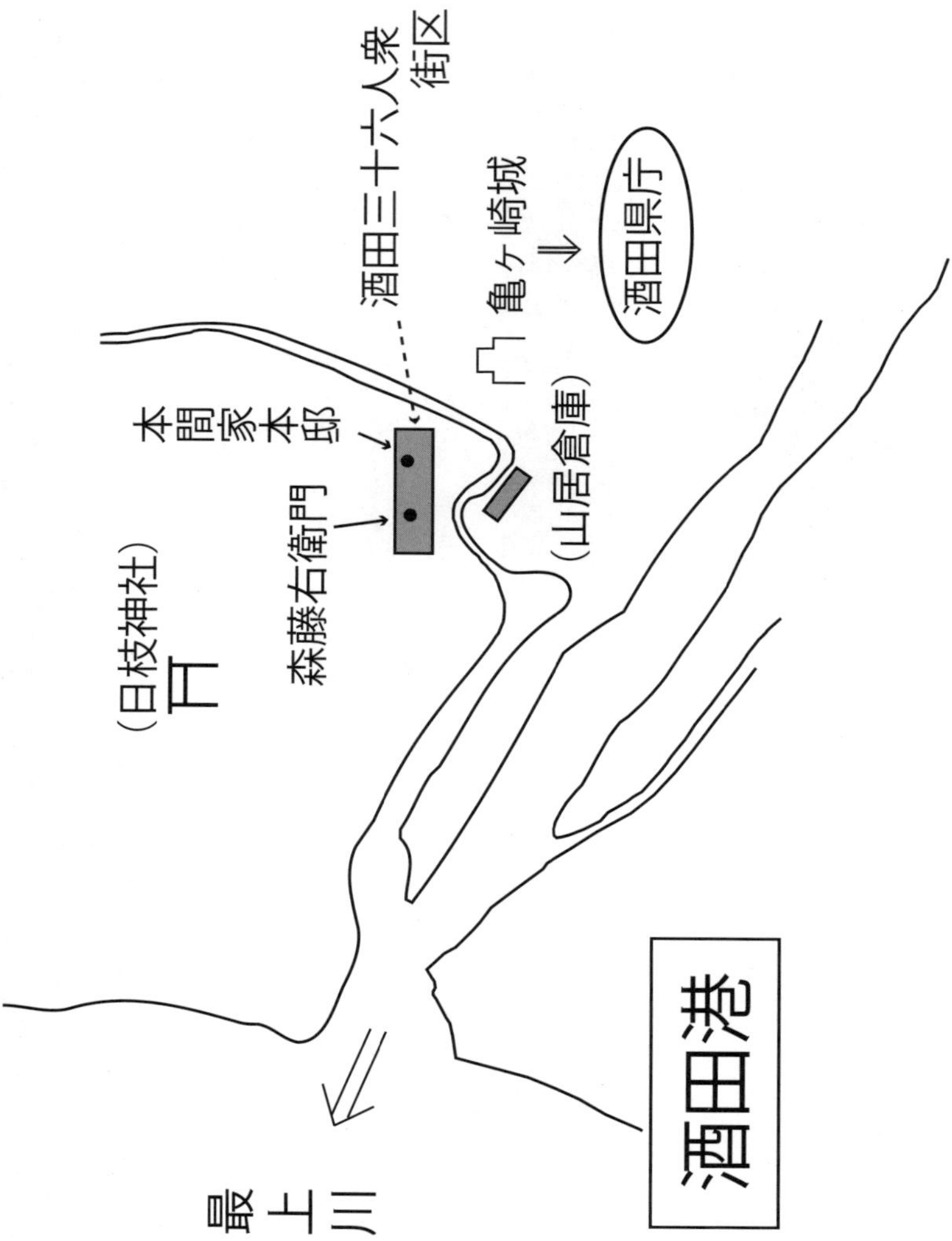
酒田三十六人衆街区
亀ヶ崎城
酒田県庁
本間家本邸
森藤右衛門
(日枝神社)
(山居倉庫)
酒田港
最上川

入ってきた。さまざまな人との出会い、文物の移入が彼の思想に影響を与えたであろうことは推測できる。石代納問題のさなか、東京に潜伏し酒田県の秕政を中央政府に訴える活動をしていた改良派士族や農民と交わった。そこで志を同じくしたであろうことは、容易に察しがつく。

酒田県政下で不満を抱いていた改良派士族、石代納問題で苦悩していた農民、年貢米の流通ルートから排されていた非特権商人、三者が連合して既存の権力＝酒田県を否定して、自分たちで全く新しい政治組織をつくった。それが「金井県」である。

金井県の創設が反酒田県連合の政治的団結とすれば、次の石代会社の設立は経済的団結が形として現れたもの、ということができるだろう。金井県創設の翌月８月１日、下山添村の八幡神社で開かれた農民集会で（本多允釐の代理で）改良派士族の大友宗兵衛と浦西利久が石代会社の構想を発表、会社規則（規約）を読み上げた。次いで黒川村・春日神社、田川村・八幡神社の集会でも石代会社の提案が行われた。

納税の際、農民はそれまで県官を通して米を納める形をとっていた。税を現金で払うことのできる石代納が認められた今、県官の手を経ずして直接、農民と非特権商人が手を結び、米を換金して納税をする。それを行う組織が石代会社である。石代会社の構想は、東京から帰った本多允釐が、酒田の森藤右衛門宅に止宿した際に明かしたという。その後、改良派士族の栗原進徳や大友宗兵衛、非特権商人の渡辺久右衛門（酒田港問屋惣代）らが加わって協議が行われ、具体化していった。

石代会社の規則書は15条から成る。まとめたのは本多だ。

① 当社設立の根本は、毎年、石代米を引き受けることにある。輸入品も扱う。

② 社員は、私利私欲に走ってはいけない。他人を欺くような者は社を去ってもらう。

③ 資本金30万円、１５００株に分け、１株２００円とする。

④ 社員は隔年ごと、社内で選挙を行って決める。

⑤ 会社の事務は社員が行うが、貸し付けや借り入れなど重大な問題については、責任者が集まって決める。

＝一部略＝（編注13）

石代会社は酒田に本拠を置く。資本金30万円、１株２００円の株式会社だ。村々から年貢米を酒田の米蔵に集め、大阪などへ会社独自の販路で販売、売り上げから税を支払う。米以外の商品（綿、塩、鉄、蠟など）も扱う。利潤は各株主に配当する。また従来、貢納の手続きは県官や村役人、戸長、肝煎らが介在して行い、その際に日当などは農民から雑税として徴収されていたが、石代会社がそれを代行することで県官らの介在を排除、その分の雑税を納める必要がなくなる。生産から販売、納税まで流通ルートを一本化し、税負担を軽減、利益を自分たちで分け合おうというのが石代会社の趣旨だ。

「石代会社に加入すれば、雑税分は残らず免除になるぞ」「加入しなけりゃ、今まで通り取られるだけだ」と訴え、金井兄弟ら改良派士族、佐藤八郎兵衛、佐藤七兵衛、剣持寅蔵ら指導者農民、魚売り商人の白幡五右衛門、隆安寺住職の板垣法勧らは、川南の村々を回り石代会社加入を呼び掛けた。

農民は、金井県、石代会社が創設されると、それをきっかけに既成の枠組みを超え、自立した意識を持つようになっていく。その推移を象徴するような出来事が、先に述べた黒川村の春日神社で行われた石代会社の構想発表前後の場面にある。丸山野左衛門という人物の残した「大友宗兵衛ら黒川組へ廻村の事」という記録で、次のように描かれている。丸山は酒田県側の捕亡吏（罪人を捕らえる役人）で農民の間に紛れ込んで情勢を探っていたようだ。

「櫛引通黒川村江天朝御役人ト相唱、両三人連ニ而罷越止宿ノ上、組方者勿論他組ヨリモ大勢為打寄、為申聞之義有之与之趣相聞候付、同所江罷越入念及探索候所（櫛引通の黒川村へ、金井県から『天朝御役人』と唱え、2、3人連れでやって来て泊まっていった。黒川組はもちろん、他の組の者たちも大勢集まった。彼らは申し聞かせることがある、と言うので私は同所へ行って、入念に探索した）」で始まる。

（以下、現代文で概略）

「今月1日（明治7年8月1日）に、本多允釐が下山添村に来て話したいことがあるというので、八幡神社に大勢集まるよう前もって通達があった。当日残らずみんな集まって待っていたところ、本多は川北へ出掛け、八幡神社には同じ改良派士族の浦西利久と大友宗兵衛の２人が来て、石代会社の規則を発表した。その後、下山添南の田沢や本郷の村々を回り同様に石代会社の内容が伝えられた。

５日は黒川組へ回るという先触れがあったので同村の剣持寅蔵ら14人が、いずれも袴を着て『天朝御役人が、ただ今御出になります』と言って村外れまで出迎えに行った。

浦西利久と大友宗兵衛らは直ちに滝野上村の金蔵という怪しき者の家に案内され饗応接待を受けた。２人は『自分たちは今度、朝廷からこの通り免許を得た』と言った。文面はどんなものか、朱印が押された奉書のようにも見えた（意味不詳。石代会社の規則書のことか?）。その夜、遅くまで酒食のもてなしを受けた。

翌６日、村々から、黒川・春日神社へ『天朝御役人が御出になります』というので皆、寄り集まった。浦西利久らが神社に来る時、途中先払いする者もあり、うやうやしくやって来た。彼らは下山添・八幡神社で発表したのと同じ石代会社の規則を読み上げた。その後、大勢の人夫が出て川干をして楽しんだ後、夕方鶴岡に帰った。

黒川・春日神社参道。金井県の「天朝御役人」を迎えた

先だって内務省官員（松平正直）が出張して鶴岡に来た時、雑税は別紙の通り免除になるという内容（＝詳細は後述する）を下山添村から回状にされたので、それぞれ写し取った。

今度、戸長はもちろん肝煎どもも皆、廃止になった。その上は彼らにどんなことを言われようと聞くことはない、と申し合わせた。何用を言って来ようとも、参る（同調する）必要はない、と言う。全体として百姓どもは、どんなことがあろうと県庁を恐れる気色もない。

そうして村々の主立った者（代表者）たちが、それぞれの所へ帰っていったと聞いた。

右の通り探索したので、申し上げる」（編注14）

金井県、石代会社を創設し酒田県の存在を否定して、改良派士族は「天朝御役人」と自称した。朝廷の公認まで得たという。農民たちは「戸長、肝煎は廃止された」「あいつらの言うことは、もう聞く必要はない」「県庁だって恐くない」と語り合った。彼らの自立しようという意識が、次の闘いのエネルギーにつながっていく。

雑税廃止、村役人への不正追及

内務省から派遣された松平正直の裁定は「租税米は明治5、6年分は既に大蔵省で収納している。7年分から石代納を認める」であった。しかし農民は、明治5、6年の年貢米過納分と雑税の全面廃止を要求した。農民は租税の年貢米以外に、さまざまな雑税が課された。先に述べた種夫食利米のほか蔵番給、代家番給、下敷米、高一歩夫米、納方内役手当米、郷普請米など、それに各村の村費と、幾つもの名目で雑税が取り立てられた。明治6年からは土地税制改革に伴う地券調入費の取り立ても始まっていた。

松平正直は、裁定で明治7年以降の石代納を認めた後、「村関係の雑税はすべて戸長、村役人扱いである。もし名義の立たない雑税や過納の分があるならば、掛け合って受け取るように」（編注15）とした。名義の立たない、つまり正当と見做せない雑税や納め過ぎた雑税があれば、交渉して下げ戻しを要求してよい。「村役人が駄目ならば参事へ、それでも納得できない場合は司法省へ訴え出よ」と申し渡したという。

しかしそれら雑税の扱いについては、文書によるものではなく松平の「口達」による部分があった。つまり、口頭による通達である。口頭であればいろいろな解釈が生まれる。その場合、得てして人間は自分の都合のいい方に解釈するものだ。「名義の立たない税金は全部戻ってくるそうだぞ」「雑税はみんな廃止になるんだって」―農民の間ではそんな言い回しで口から口へ情報が伝達され、情報自体が混乱、錯綜したのだろう。本当にそうなるのか？　役人に問い合わせてみれば、松平裁定による口達と県官の説明には食い違いがあった。それが「見解の相違」になって現れ、農民の間でさらに混乱が増幅した。松平裁定の「口達」というあいまいさの部分が、後に農民運動を拡大させる大きな要因になった。

取り立てられるべき税は、どれが正しい数字なのか。松平裁定に従って戸長や村役人に掛け合うと「その帳簿は県庁にある」と言われ、県庁に行くと「戸長に見せるように言っておくから」と言われ、再び戸長の所に行くと「雑税関係の帳簿は見せられない」との返事。キャッチボールのように行ったり来たりが繰り返された。

本多允釐は、農民にこう告げた。

「雑税を免除させるため、租税帳を写し取って持参せよ。租税帳に記されていない分は、取り立てられるべきものではない。記載のない取り立て物がある場合は、県庁の私有になるか、戸長・肝煎の取り込みになるかである（＝不正流用）」

村々では、村役人や戸長・肝煎と、農民との間で言い争いが始まった。

「帳簿を出してくれ。写しを持参するように言われた」

「金井の家に持って行くと、何かいいことがあるのか」

「納め過ぎた明治5、6年分の税金が戻ることになっている」

押し問答が繰り返された。（編注16）

「あいまいな」部分を「はっきりさせる」ためには、まず基にある帳簿を見ることから始めなければならない。そのため運動は全農民的に拡大し、暴動化していった。なぜなら「見せない」ものを「見せろ」と要求することは、集団の力で帳簿を奪い取ることにほかないからだ。金井宅や隆安寺には、村役人や肝煎から奪った帳簿や帳簿の写しが集められた。そうして諸帳簿公開要求と同時に石代会社加入を訴え、明治７年８月から９月にかけて運動は最高潮に達した。

雑税廃止要求の運動は、川南（旧大泉藩領）の村々が舞台となった。旧藩領では雑税が本年貢の５割以上に及ぶ村もあり、農民にとって江戸時代と変わらない、それ以上の重い負担になっていた。

川北の天狗騒動と同様、川南でも戊辰戦争の時の費用弁済を求める声が、ワッパ事件が起きる以前から、戦場になった村々を中心に広がっていた。戊辰戦争の際に提供した人足代、兵士に提供した夜具、家具、米代金などの賄い費用、篝火に使った柴、薪代などが未決済のままだった。その上、領主の転封阻止のために課せられた「献金・寸志金」が重くのしかかっていた。自分たちの飯米さえ確保できない農民が数多くいる。それらの状況が伏線になり、石代納問題で火がついた。農民蜂起は、庄内全体に燎原の火のごとく広がった。

例えば鶴岡から東南、赤川を月山方面にさかのぼった所に椿出村がある。ここでは指導者・剣持寅蔵の下、全員が石代会社加入を決定、周辺の村々にも加入を呼び掛けた。集会の後、農民たちは幾つかの部隊に分かれ肝煎や戸長宅に押し掛け諸帳簿公開を要求した。石代会社不参加の村に対しては、運動資金として強制的に金や米を差し出させた。

鶴岡の南、湯田川村では大滝七兵衛の下、石代加入運動が開始された。ここでも戸長、肝煎に対して諸帳簿公開を迫り、不正を追及した。七兵衛らは田川村の梅林寺に寄り集まった。大勢で肝煎を寺に連れ出し不明分の返金を要求、下半身を蹴り上げて引き立て、昼夜となく強談に及んだ。「難渋百姓之血ヲ絞リ、大罪人早々積出シ候様ト申談ジ」（難渋している農民の血を絞り上げた。大罪人は早々に放り出すと主張した＝編注17）と言い、村役人のリコールを叫んだ。

夜間、神社や寺に集まって集会を開き、勢いに任せて戸長宅に押し掛けた。篝火を焚いて取り囲み、鯨波を上げ「盗人役人！」と叫ぶ。あるいは諸帳簿を持って逃げる村役人を追い掛け、組み伏せて奪った。筵一枚に座らされ、追及された村役人もいた。自宅に踏み込まれ、数日間にわたって日夜、糾弾された村役人もいた。農民の動きは日に日にエスカレート。戸長は指導者農民を説諭するよう酒田県に要請した。県官が農民の集会に出て説諭を試みたが、「帳簿を見せろ」と一歩も退かない。「金井県」（金井宅）には常時、改良派士族が3、4人いて、肝煎・村役人の不正追及や県官の対応について農民から情報を集め、対策を指示した。「帳簿を出せ。（無言の村役人に対して）話の相手にならないなら、金井県で裁判だ」。金井県は農民間のネットワークの要、司令塔の役割を果たした。村役人や戸長・肝煎と対峙した時、農民は「わが方には金井県がある」と唱えた。

この間、石代会社への加入村数は川南310村のうち、およそ250村に達した（編注18）。魚売り商人の白幡五右衛門は、日本海側の三瀬、由良の村々を回り、職人税や帆船税の不正を取り上げて職人や漁民まで運動の裾野を拡大させていった。

酒田県は反撃に出た。明治7年9月9日、太政官から事件鎮圧のための臨機処分の権限を受け、松ケ岡開墾士族1000余人を編成、警察力を総動員して改良派士族、農民の大量検挙を決める。11日、県政批判の急先鋒、農民運動を指導する中心人物と見た本多允釐を逮捕した。本多は金井宅に同居しており、朝方、県側の士族100人が屋敷を取り囲み、うち30人が敷地内に踏み込んだ。本多のほか、同じく金井宅に同居していた中村資祇、浦西利久の改良派士族と、居合わせた農民3人を同時に逮捕。本多の居間はどこかと家の者に聞くと、2階だと言う。すぐに駆け上って箱タンスなどを壊して開け、有無を言わさず書類を持ち去った。中村や浦西のいた部屋も捜索した。

「本多様は百姓のためにしてくれた人だ」。本多逮捕に驚いた農民たちは「本多様を返せ」と酒田県庁、監獄襲撃を決め、続々と立ち上がった。

例えば鶴岡の東南の村々では、下山添村の八幡神社や高寺村に集結し、酒田へ向かうよう伝令が走った。近年発見された「ワッパ騒動日記」が、その状況を生々しく伝えている。書いた人物の名は不明だが、桂俣村の農民の手記と見られる。以下、断片的になるが、蜂起の様子を示した部分を引用する。文中、文末の（　）は筆者の補筆。

「（９月11日？）朝、金井与四郎様（本多允釐）が召し捕られ、駕籠で酒田へ連行されていった。その後、与四郎様のお宅には番人を付けて、一人も出入りできなくなった。右馬助様（金井質直）は東京からお帰りになり、同（九月）三日に到着すると聞き及んだ。そこの所で右馬助様を召し捕るため、士族隊が領内の各出入り口に出動していった」

「（12日）晩、本方から伝令が到着し、次のような書付をもたらした。色々と混雑していることもあるので、一両日中に弁当を持って酒田県庁までも押し寄せるつもりであるから、村々に伝達する」

「（13日）朝、村方一同が山神様で打ち寄せについて相談した。そこで甚右衛門は湯殿山で村中安全の護摩を焚き、火事除けのお札をいただき山ノ神様へ板札を奉納した」

「（13日）朝、村中が寄合。

荒屋敷村（備前荒屋敷か）から長左衛門が来て当村に問い合わせた。いよいよ大乱と決めたので郡中の一同が弁当持ちで下山添村八幡宮へ打ち寄せるという相談になった。

京田・山浜通は昨晩から集結している。それで、組々村々への伝令を派遣したのである」（大乱は、本格的に酒田を襲撃するの意味。京田・山浜通は鶴岡の西北・西南の村々で、昨晩から続々と農民が集結していると知らせて来た）

「（15日）、（藤島の）八幡宮に陣を取ることにして、いよいよ押し寄せについて取り決めることにした。その内容は、一同の中から一番隊三百人、二番隊三百人、とこれだけの人数をまとめ、一番隊に米五俵、二番隊に米三俵を、これらの人たちに一同からの手当として渡すことにする。このことで志願する者はいないかと尋ねたところ、誰一人も返事がなかった。

又もし斬り殺された者があった場合は、一同から金百両をやる、と言ったが、大勢の人たちもおじけづいて、誰も先頭に立つ者がいなかった。そのため、順々に少しずつ進んでいったところ、馬渡村の外れで一同休息を取った。

そこでかれこれと道筋の様子を窺ってみると、藤島には士族百五十人ほどが出動しており、また酒田と田川の間の最上川の渡し場は止められているという。このままでは酒田県庁へはとにかく行かれないことになったので、偵察に行った二人の報告から考えて、大勢の人たちにもこの事を指示した」（隊を編成しようとしたが、先頭に立つと志願する者がいなかった。先には士族隊が待ち構え、最上川の渡し場も止められた。酒田へ行くのは難しくなった。偵察に行った2人の報告からしても、やはり難しくなったとみんなに指示した）（編注19）

桂俣村から参加した農民は、以上のような体験記を残している。農民たちの素朴な心理の一面が、よく表れている。

金井質直は、東京から鶴岡に戻る寸前だった。「金井様が、内務少丞に任ぜられ、東京から帰ってくる。（鶴岡の東、最上川の）清川口まで出迎えに行こう」という回状が回った。しかしこれは酒田県の士族の鎮圧部隊の目先を変えようと情報を流した陽動作戦で、金井は実際は、鶴岡の西、白山林村にかくまわれた。さらに「石代金納については、三井商社が引き受けることに決まった」という風聞が流れた。

酒田襲撃を正式決定したのは13日、高坂村の渡会重吉と平京田村の佐藤七兵衛だった。潜伏中の金井質直を交えて、逮捕された改良派士族や指導者農民の釈放問題を協議した。金井は酒田襲撃について「獄を破るのはよくない」と言い同意しなかったが、重吉、七兵衛は強攻策に出た。襲撃を決めると、すぐに川南の各地域に伝令を走らせた。

山浜通（西南部）は板垣金蔵、佐藤直吉、佐藤与吉が担当。京田通（西北部）は佐藤七兵衛、櫛引通（東南部）は渡会重吉の担当とした。襲撃計画の中心人物は重吉であった。

例えば高坂村では、重吉の指示を受けた農民が14日、「本多様の放免を願い、酒田に押し掛けよう。1戸から1人ずつ、今夜から3日間の食料を用意して下山添の八幡神社に集まれ」と触れ回った。15日早朝を期して集結、酒田へ向け出発する。途中、山浜通、京田通の農民と合流する計画だったらしい。「本多様や仲間の百姓

下山添・八幡神社。鶴岡東南部の蜂起農民は、この神社に集結して酒田監獄襲撃に向かった。石代会社の計画も、ここで改良派士族から提示された

の釈放がなければ、われわれも同様の扱い（入獄）にしてもらおう」と村人たちは話し合った。酒田襲撃で、川北の農民にも知らせが走った。

京田通、山浜通の村々では16日、板垣金蔵らが村々に触れ回った。金蔵はその際、隆安寺住職の板垣法勧に頼んで「本多允釐様釈放」の願書を書いてもらった。

呼び掛けに応じた下清水村から上清水村、田川村、由良村方面の農民たちは、上清水村の東側にあ

農民蜂起、酒田へ

『ワッパ騒動と自由民権』
（佐藤誠朗著）より
推定ルート

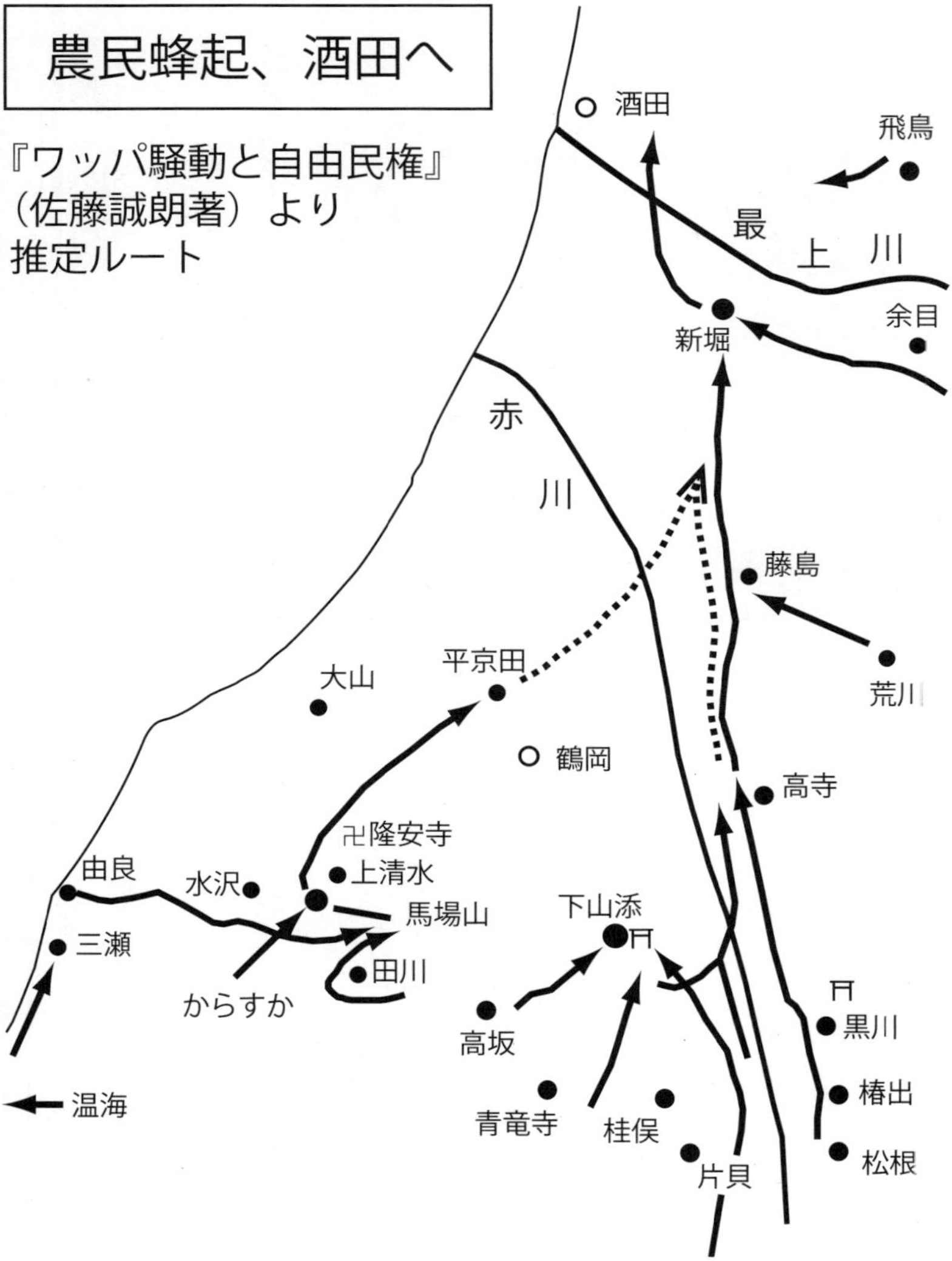

る馬場山に集結した。はじめ、鶴岡南部の糀山《こうじやま》に集まると情報を流し、実際に集まったのは馬場山だった。そこに駆け付けた士族隊に説諭、制止される。いったんは引き返すが、西へ移動して今度は水沢村の「からすか」に集結した。「からすか」は酒田へ向かう街道沿いにあり、丘状の地勢になっている場所だ。板垣金蔵、前野勘右衛門、五十嵐作兵衛、佐藤与吉、佐藤直吉、加藤久作らの指導の下で集結。さらに奥の村から峠を越えて来た人々、海側の村からも農民たちが続々と集まり、夜になると提灯をともし、篝火を焚き気勢を上げた。

　翌17日早朝、板垣金蔵を総指揮者とする農民たちは、街道を酒田に向けて出発した。途中、士族隊に遭遇する。士族隊は制止しようとしたが、農民側は振り切った。金蔵は「允釐ヲ救フヘシトテ一声鯨波ヲ作リ…平京田村前ニテ右制止ノ御人数ヲ取巻キ、又ハ押破レト数千人ノ勢ヲ助ケ…真先ニ立」（允釐様を救え、と鯨波を上げ、平京田村の前で制する士族隊を取り巻き、押し破れと数千人の勢いを背に、真っ先に立って＝編注20）進んだが、ここで捕縛される。金蔵が捕まると皆、散乱してしまった。19日、残された幹部が集まって善後策を協議。ここで酒田襲撃の中止を決め、

鶴岡西南部の蜂起農民は、ここ「からすか」周辺に集結した後、酒田へ向かった

捕縛された者たちの釈放嘆願運動に切り替えた。しかし前野勘右衛門、五十嵐作兵衛、佐藤与吉、加藤久作ら指導者が大量検挙された。白幡五右衛門は、海側の村に出た後、新潟県に入ったところで捕まった。

　農民蜂起は、庄内全体に及んだ。「愚民といえども、なかなか恐るべき手はず（計画性）なり」と組織力、動員力で士族隊を驚かせた。しかし「ワッパ騒動日記」をはじめ今に残る資料を見ると、酒田襲撃を計画した農民蜂起は、村によって組織力が異なった。襲撃計画は、本多逮捕から１、２日で決めたこと。実行期間は３～５日間程度を想定したようだが、なにせ時間がなかった。軍隊のような強固な組織力を持っていたわけではなく、手にしていたのは鎌や竹槍であり、一人一人に戦闘能力があったわけでもない。

筆者は、資料を基に農民蜂起の酒田への推定ルート（100ページ）を地図に描いてみた。それぞれの蜂起の人数は６００人、８００人、１０００人、１５００人、２０００人といった規模だ。

酒田県側は権参事・菅実秀が指揮を執り、松ケ岡開墾士族らを動員して各地に士族の警察隊を配置、酒田の町の守備を固めて襲撃を阻止しようとした。農民は、待ち構えた士族隊に「ちょっと待てい」と説諭され、あるいは力で押し返された。江戸時代のように「切り捨てるゾ」と脅された場面もあった。鶴岡の東西から大同合流して、北へ向かおうとした計画はかなわず、その多くは酒田襲撃に向かう途中で解散、腰砕けの形になった。最上川を渡河して酒田側にたどり着いた農民は２００人だが、士族隊に説諭され、結局は退散した。本多逮捕以来、捕縛された者は１０

蜂起した農民が渡河したであろう赤川

蜂起した日本海側の農民が越え、下った笠取峠。写真左が三瀬方面

0人に上った。

しかし後世の人間が、それを批判はできない。松平正直裁定以来の諸帳簿公開要求、村役人への不正追及、酒田襲撃計画まで、およそ3カ月の間に参加した農民の総勢は1万数千人に上った。当時の川南の戸数は約2万2000戸、人口約13万4000人だった（編注21）。川北の農民も動いた。お上に、これだけの人々が「抵抗した」という事実の重みを見るべきだ。

明治時代にあっても、農民は決して権力者におもねってはいない。領主との契約関係の中で、自分たちの主義・

主張を堂々と訴え、それを実現しようと試行錯誤しながら知略をめぐらし、チャレンジしているではないか。

多数の検挙者を出す一方、官憲の目をかいくぐった剣持寅蔵ら農民数人は上京、政府に訴え出ようとした。同じころ、金井質直（再度、上京）、大友宗兵衛、森藤右衛門らも東京で訴訟活動に奔走していた。

石代会社の計画を本多らとまとめた後、森藤右衛門は9月初旬に酒田を出た。仙台に潜伏中に本多らの逮捕を知り、急ぎ東京へ向かった。森の上京は、庄内で農民が蜂起し、酒田襲撃に向かったのと同じ時期だった。本多らと志を同じくした森だが、戦略は異なった。「いたずらに県官と対立するのは得策ではない」と考え、政府に直接、酒田県の秕政を訴えようとした。

剣持寅蔵らは森藤右衛門の助言を受け、10月5日付で警視庁宛てに嘆願書を提出した。

「明治元年中旧領主御儀磐城国へ所替仰付ラレ候節、莫大ノ用途筋有之、領内村々へ金七拾万円之用金、高割上納相成候、爾後百性共一同疲弊ニ及候」（明治元年中旧領主が磐城に所替えを仰せつけられた際、領内の村々に70万両の用金を求められた。石高に応じて上納させられたが、以後、百姓たちは皆、疲弊している）で始まる。

（以下、現代文で概略）

「維新以来、村費はじめさまざまな雑税が増え難渋している。廃藩後は、免除になった物もあるはずなので役所へ問い合わせをしたが、細かいことは分からないなどと要領を得ない返事で当惑するばかりだった。それに酒田県は政府が石代納を許可した通達を農民に知らせなかった。

そこで金井質直様、本多允釐様に相談した。すると内務少丞・松平正直様が出張して取り調べを行い、既に納めた明治5、6年分の年貢米はそのままで、7年よりは石代納を認める。雑税の過納分は村々へ下げ戻し、以降は廃止する旨（実際は一部雑税の廃止＝筆者注）、参事の松平親懐様が立ち合いの下、処分が出された。ついては納め過ぎた分の雑税の詳細が分からないので戸長・肝煎に面会し諸帳簿公開を強く迫った。ところが帳簿を見せようとしない。百姓みんなで押し掛け、帳簿を調べたところ、村役人らが不正をしていたことが次々と判明した。

松ケ岡開墾事業のために取り立てられた記録もあった。村役人から3年間も開墾地に人足として課役を申し付けられ、病気の者は代わりに金を出させられた。ところが帳簿を見ると『開墾入費』として別立てで取られていたのが分かった。いずれも二重三重に税を取り立てられていたのを、書類を見て初めて知った。われわれ百姓を見下し、取り立てていたのだろう。そのため生活は困窮している。

みんなで話し合い、こうなった以上、是非にも取り返すべきだと一決した。本多允釐様をはじめ数多くの百姓仲間が捕縛された。それは戸長や肝煎たちの不正発覚を押し隠すためだ。百姓たちは動揺している。われわれは切迫している。ほかに方法もなく愁訴した。何とぞ特別の憐れみを持たれ、戸長や肝煎どもを召し出し、事の始終一つ一つを吟味され、過納米の分を戻していただきたい。以後、百姓の生活が立ち行き、みなみな安堵できるような御沙汰を下さるよう嘆願する」　（編注22）

剣持寅蔵は、椿出村の山間部の出身で当時26歳。事件の指導者としては最も若い。所有の農地も極めて少ない極貧農の出身であった。寅蔵の嘆願書にある村役人らの「不正」とは、例えば雑税の一部が遊女屋や料理屋の代金に支払われていたことを指す。松平正直の裁定による「名義の立たない雑税の取り立て分」に、これらの目的外支出が当たるのは明らかだった。

森藤右衛門は、上京中の農民から村役人・戸長への不正追及、酒田襲撃に向けた蜂起の様子を聞かされたことであろう。事件が拡大した原因について「松平正直・内務少丞は、雑税や村費は県官と村役人の見込みで取り立てているものだから村役人に掛け合うように、と言い渡した。村役人のところで解決できなければ参事へ、それでも納得できなければ司法省へ訴え出よ、と指示したはずだ。それにもかかわらず役人たちは農民側が求めた掛け合い＝交渉を拒んだから、事件がこんなに大きくなったのだ」とした。

剣持寅蔵が嘆願書を提出した４日後の10月９日、森は前述の通り、事件拡大の原因を指摘した上で次のような建白書を左院へ提出した。

「県治ノ儀ニ付建白

酒田県ノ弊ヤ…独リ酒田県ノ如キハ他県ニ異ニシテ、該県ノ官吏、皆、地方士族ニシテ、其人ヲ選挙スル更ニ賢不肖ヲ論セズ、只管、旧藩ノ等級ニ由ル、故ニ其旧習ヲ一洗スルニ甚ダ害アリ、或ハ御布令ヲ擁蔽シ、或ハ達シテ其実行ハレズ、或ハ専断ヲ以テ妄リニ暴屈ス、故ニ士民、疑ヲ抱キ不平ヲ生シテ常ニ安カラズ、其悪習、日ニ増シ月ニ加ハリ、終ニ不可忍ニ至ル、其條左ニ列ス」

（現代文で概略）

「酒田県政について申し上げる

酒田県の弊害は…、全国で酒田県だけが他県と異なり、当該の県役人は皆、地元の士族で、その士族を選ぶにも賢不肖を問わず、ただ旧藩の序列によっている。そのため旧習を一掃するのが大変難しくなっている。政府の指令があっても隠蔽し、指令が届いても実行しない。あるいは独断で妄りに力で抑えようとする。そのために民は疑いを抱き不平が起き、常に安心できない。その悪習は日々増していき、終に忍耐できないほどになっている」

続けて、酒田県の弊害、悪政について具体的に列挙している。

「へき地の民は教育も受けず知識もないとはいえ、つまるところ根源は県官の苛酷な政治にある。石代納の許可や雑税の一部廃止は松平正直・内務少丞の指令であり、それ以外の何ものでもない。それなのに本多允釐殿が首魁となり甘言をもって民を惑わし村々の民を扇動したとして、允釐殿をはじめ富田安敬、池田久政、中村資祇、浦西利久、横山康壽、栗原幹ら、ほかに農民34人が逮捕されたのは実に思いのほかの出来事であった。先に申し上げた允釐殿は、読書を好み頗る正義感が強い者だ。昨冬に上京、今年7月に帰県した。もとより不逞を主張したり騒ぎを起こしたりする者では全くなく、おそらくは県役人が私怨を抱き、今回の事件を幸いに遺恨を晴らそうと根拠のない妄説を理由に逮捕したのであろう。事の次第を洞察され、速やかに允釐殿らを呼び、どちらが正しいか誤っているか明らかにし判断すれば平穏に至ること間違いない。幹を断って根元を取らなければ、一時は鎮静しても他日、再び同じことが必ず起きる。

広く人材を登用し諸県に配任してこそ旧習を一掃し秕政を正す。酒田県の今の官吏を転じ、別に適切な人材を選んで世を安んじ開明、進歩することを当県の上下の民は希望している。私は県官を敵視し、下の民に味方するのではない。何万人もの苦しみを見るに忍びないからだ。微力な人間が大事を訴えるのは罪だが、国家に報いるための心と思って憐れみご配慮いただければ、感泣の至りにたえない。誠に恐れ多いことだが建白する」（編注23）

酒田県の弊害は、旧藩時代と同じ序列で人材を選んでいるところから起きる。「広く人材を登用する体制をつくり開明、進歩の道へ進んでいくことを人民は望んでいる」と訴えた。

続いて森は、11月29日にも次のような建白書を左院に提出している。

「天皇陛下、神聖英武、位ニ即ク、以来、大悪剪除シ、逆乱ヲ蕩平ス、百度一新藩ヲ廃シ県ヲ置キ、大政ヲシテ上ニ統へ　号令ヲシテ　一ニ出テシメ　数百年ノ大弊　蕩然洗フ如ク　首トシテ先ツ民ニ与フルニ自主自由ノ権ヲ以テシテ敢テ抑制セス　智識ヲ世界ニ求メ政体ヲ万国ニ折衷シ、以テ万世不抜ノ基業ヲ創立ス…是実ニ朝廷、人民ニ与フルニ、自主自由ノ権ヲ以テシテ、至公至平、少シモ偏倚スルナシ、誰レカ流涕感奮、其至仁ヲ仰カサランヤ」

（現代文で概略）

「（天皇家の功績をたたえ）明治維新の変革、廃藩置県の実行で旧弊を一掃した。次に必要なのは人民に『自主自由の権利』が与えられ、抑制しないことである。これからは新しい知識を世界に求めるべきだ。万国の政治を学び、よりよい仕組みを選べば日本の国造りの基礎ができる。そのために必要なのは政府が、まず人民に『自主自由の権利』を与え保証することにある。そうすれば国民みんなが感涙し、仁を仰ぐことであろう」　（編注24）

（冒頭で天皇家の功績をたたえているが、これは当時の「定型」であり、森が特に天皇崇拝者だったという意味ではない）

東京では剣持寅蔵や森藤右衛門らが相次いで政府に対して酒田県政を批判、農民蜂起で逮捕された者たちの釈放を訴えたが、一方、鶴岡では逮捕された本多允釐、指導者農民らは酒田に護送され、捕らわれた身のままだった。東京で上訴活動をしていた農民、士族たちも結局は捕らわれ、庄内に返された。指導者層が根こそぎ身柄を拘束され、運動は全く息詰まってしまった。

ところが酒田県は、一部雑税（蔵番給、下敷米、減米備、貸家番給など）の廃止を決めた。一連の農民蜂起によって、実質的な減税を勝ち取ったのである。さらに11月、権参事・菅実秀が辞職した。

代わって12月16日、内務省から絶対主義官僚、三島通庸が酒田県令として着任した。酒田県の旧藩体制は中央からの人事であっけなく瓦解し、農民運動は全く新しい局面を迎えることになった。

過納金償還訴訟、三島通庸対森藤右衛門

三島通庸は薩摩藩出身。幕末は急進的な尊王攘夷派で戊辰戦争に参加、奥羽の各

地を転戦した。維新後は内務官僚となり強権的な政治手法で民権運動を弾圧、土木工事を次々と行い「土木県令」「鬼県令」の異名で恐れられた人物だ。

三島が酒田県令として赴任した目的は三つあった。

一つは、ワッパ事件の最終的鎮圧である。酒田に赴任する際、太政大臣・三条実美から、ワッパ事件を取り調べ、報告して処分の伺いを立てるよう指示された。

一つは、鹿児島の私学校の士族たちが蜂起した場合、酒田県の旧藩勢力が呼応するのを未然に防ぐことだった。明治６年10月、西郷隆盛は征韓論破れ下野、鹿児島に帰郷する。三島が酒田県令として赴任したのは翌7年の12月16日である。

あと一つは、士族の封建的特権解体だった。廃藩置県後も酒田県の士族は旧藩時代同様の特権を保っていた。それをなさしめたのは背後にいた西郷の力にある。西郷が中央政府を退いた時、士族の特権を奪う方針を酒田県にも徹底しなければならない。政府部内の抗争を制し実権を握った大久保は、郷里・鹿児島に対するのと同様、庄内に対しても一切の特権温存は許さない姿勢で臨んだ。その忠実な執行者として直系の三島を酒田に送り込んだのである。

三島は着任の翌明治8年1月、管内に通達を出した。「(「金井県」などと言って)官員を名乗り、郷村を回って年貢米や雑税について甘言を申し触らし人心を惑わす者がいると聞くが、年貢米、雑税については以前から県庁が布達した通り相違ない。甘言に惑わされるな。官員と詐称する者を見つけたらすぐに届けよ。場合によっては捕縛してよい」と、それ以上農民が騒ぎ立てるのを厳しく禁じた。(編注25)

三島県政になり農民側の運動は、蜂起の形から過納年貢米と一部雑税の「償還訴訟」へと転じた。農民の代言人(弁護人)として森藤右衛門が訴訟活動を展開する。三島が赴任して以来の対立構図を示すと【図2】の形になるだろう。

三島が管内通達を出したのと同じ1月、森藤右衛門は三島県令に15カ条の訴状を提出した。

「朝廷首トシテ人民ニ与フルニ自主自由ノ権ヲ以テシテ、少シモ抑制スルナク、至公至平、毫モ偏倚スルナク、県官タルモノ宜シク朝廷ノ徳恩ヲ宣布シ、一民モ其所ヲ失ハザラシメンコトヲ要ス可シ、然リ而シテ酒田県参事松平親懐、権参事菅実

政府の中枢にあって明治国家を動かした大久保利通
（国立国会図書館ウェブサイトより）

「鬼県令」と呼ばれた三島通庸
（国立国会図書館ウェブサイトより）

秀…各私利ヲ営ミ専ラ威力ヲ以テ人民ヲ抑制ス」

（現代文で）

「朝廷が民に与えるのは自主自由の権利であり、少しも抑制することなく公平に偏り無く行うものである。県官たる者は朝廷の徳恩を広め、一人の民もそこから外してはならない。ところが酒田県の参事松平親懐、権参事菅実秀らは、私利私欲に走り、力で民を押さえた」

以下、15カ条の罪状を列記した（一部略）。

【図2】

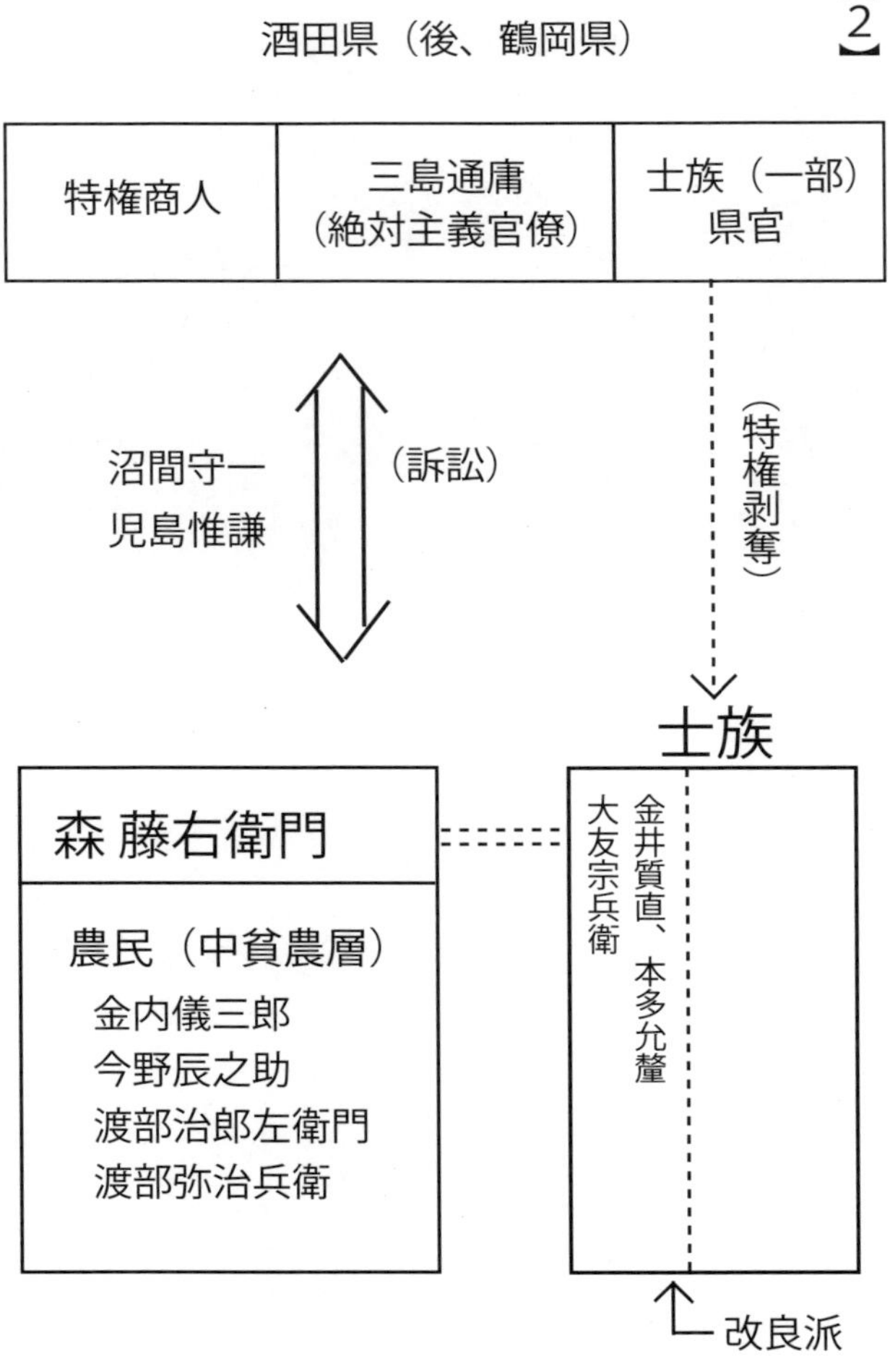

酒田県（後、鶴岡県）
特権商人
三島通庸
（絶対主義官僚）
士族（一部）
県官
沼間守一
児島惟謙
（訴訟）
（特権剥奪）
士族
森 藤右衛門
農民（中貧農層）
金内儀三郎
今野辰之助
渡部治郎左衛門
渡部弥治兵衛
金井質直、本多允釐
大友宗兵衛
改良派

①石代納許可を農民に知らせず、かつ請求した農民の動きを弾圧した。
②石代納不履行により十数万円の不当な利益を得た。
③農民の雑税廃止運動を弾圧した。
④税収納の際、「異量ノ桝」を用いた。
⑤捕縛された農民に親戚らが衣食を差し入れたいというのを、獄吏が拒んだ。
⑥芸者や遊女の解放、人身売買厳禁の公布を阻み、実行もしなかった。
⑦松ケ岡開墾で、名目は士族のためなのに民を使役し物品を課し、士族や農民の怨みを買った。
⑧旧藩兵を解体しない。
⑨県参事が、賞罰与奪の権利を私した。
⑩県官が、他人の書簡を開封している。（編注26）

森は石代納許可問題や雑税廃止運動、旧藩兵の不解兵などで、三島が赴任する前、松平親懐・菅実秀時代の酒田県政を厳しく非難した。同時に人権問題に関する問題を指摘しているところに注目したい。「ワッパ一杯の銭を返せ」というスローガンから始まった農民運動から「自主自由の権利を求め、人権を守る」自由民権運動へと変化していった。
しかし三島は、この訴状を無視した。

2月、三島は、今度は郷村改革の通達を出した。
① 従来の戸長・肝煎は、すべて廃止する。
② 新たに戸長、用掛（会計など担当）を置く。
③ 1村ごとに村長を置き、入札（投票）によって任命する。

新戸長には100石から200石の鶴岡在住の旧藩・中堅士族を起用し、前戸長の大庄屋らを新戸長の下、用掛に任命した。前戸長らは農民蜂起の際、諸帳簿の不正追及に遭い既に統治能力を失っていた。三島は中堅士族を戸長に置き、前戸長をその格下の役に就け、旧藩士族の力を利用することで郷村支配の強化を図った（編注27）。また入札で選ばれた村長と当該の村民には、県政に協力するよう誓った承諾書を提出させた。村長選びを入札制にすることによって、県政に協力・服従させようというのが三島の狙いだった。

３月、三島はワッパ事件の指導者37人の口述書を整え、太政大臣・三条実美に報告、処分伺を提出した。

①騒動は、戸長・村役人が課出する民費が規則に反していると本多允釐が扇動したために起こったものである。

②参事・松平親懐は、自分の不行届きを深く反省して進退伺を出した。

③郷村改革を断行して７００余人の戸長・村役人を更迭し、新任の戸長らには民費課出の方法を改正するよう厳命した。

④暴動に随行した農民は1万人余に上るが、愚昧の者たちが利に惑わされ一時の虚喝を恐れて加わったものであり、既に放免を申し渡したのでこの措置を認めてほしい。　（編注28）

（ここでいう民費とは、戸長以下の給与や、道路や橋など町村維持のため町村民が負担した経費を言い、これまで述べた雑税の意味）

4月、裁可が下った。本多允釐、金井質直らの改良派士族、剣持寅蔵、佐藤七兵衛らの指導者農民が処分され、一方で松平親懐は留任となった。赴任後の県政改革が示すように三島は旧庄内藩体制を否定せず、旧藩勢力を自らの側へ、明治政権側に取り込んでいった。

5月、森は上京して先に東京に来ていた金内儀三郎ら農民5人（中貧農層）と合流し、農民側の代言人として酒田県を被告に「県官曲庇圧政之訴」を司法省に提訴した。しかしこれもまた却下される。次いで元老院に申し立てた。政府への訴えに加え、森は新聞へ投書、ジャーナリズムを利用して世論を喚起させることに奔走した。酒田県の秕政を訴える投書は「報知新聞」や「東京日日新聞」に掲載された。

6月、第1回地方官会議が東京・浅草本願寺で開かれ、森は傍聴人の一人となった。当時自由民権運動家として頭角を現しつつあった福島県三春の郷士、河野広中もまた傍聴人として森と同席した。河野広中の『河野磐州伝』に、こうある。

「土佐の西山志澄の如き、酒田の森藤右衛門の如き、横浜の高島嘉衛門の如き、岐阜の武井淡如の如き、長野の窪田九郎の如き（らが、この地方官会議の傍聴席にいた）、最も共鳴した人物で、森藤右衛門の如きは、朝夕、予の旅館に来て、杯を交はしながら意見を上下して居た。森は、今宗五郎と言はれた程の人物で、当時其の県が重税を課し、人民が非常に困難して居るのを見兼ね、慨然として起ち、誅求に泣ける人民を救ふべく、元老院に県の暴政を訴へ、これを糾さんとして居た。予は少なからず森の運動に同情し『寧ろ元老院副議長後藤象二郎（旧土佐藩士）に会って、実際の有様を取調べて貰ふてはどうか』と勧めたことがある」

森は地方官会議で全国の自由民権運動家と交わり、特に河野広中と親しく意見交換した。文中に「今宗五郎」とあるのは江戸時代、重税に悩む農民の総代となって将軍に直訴、捕らえられて磔《はりつけ》になった下総の国の「佐倉惣五郎」を指す。森を「現代の惣（宗）五郎」と例えた。河野が、森と元老院をつないだという裏付けはないが、河野ら各地の自由民権運動家の支援を受けて森が動いたのは間違いない。

7月、庄内に戻った森は、栗原進徳と法律学校の開設を計画する。栗原は金井3兄弟の一人で、改良派士族の一人として石代会社設立の構想にも関わった人物だ。栗原の自宅、鶴岡・代官町に「法律学舎支校」を開設したいという計画書を三島県令宛てに提出した。校主は栗原と森で、教官に仙台出身の清水斉記《なりき》を招いた。清水は東京で箕作麟祥（法学者。明治政府の下で、法整備を担当した人物）に法律を学んだ民権家である。法律学舎を開設して農民も法律を学び、訴訟活動の準備をしようと考え計画したのだろう（しかしその後、法律学舎が実際にどんな活動をしたのかは具体的には伝わっていない）。

9月初旬、三島は県令自ら県官、邏卒（警察官）を随行し、酒田県内を巡回。農民集会を開き、村役人層への不正を追及した事件の指導者を徹底的に取り締まった。川南の三瀬村を巡回した時は、清水村の隆安寺住職・板垣法勧を呼び出し、県令が直接詰問した。「お前には明治8年1月、檻倉（獄）入りを申し付けた。釈放後

隆安寺の東側、農民が集まって一揆の相談をした三森山の優婆《うば》堂

は村人どもの集合の相談にのったり願い事の代筆をしたりしてはならないと、かねてから申し付けておいたのに、守らないのはどういう心得か」と迫った。法歓は「お咎めを受けた後は、集合の相談にのったり願い事の代筆をしたりは一切していません」と答えた。県令はさらに「分別をわきまえる身でありながら昨年中、愚民をそそのかし騒動に至らしめたのは不埒なり」と責めた。法歓は田川村に連れて行かれ、帰村しなかった。戸長に聞いても「知らない」と言う。後日、ある農民が酒田に行っ

穏やかな田園風景の広がる庄内平野

た時、法勧住職が檻倉に入っていると聞き、知らせてきた。そこで親戚たちも初めて住職の行方を知った。

雑税の諸帳簿公開要求で行動した湯田川村の大滝七兵衛はその後、村長に選ばれた。しかし「地租改正事業の調べがうまくいっていない」と叱咤され、村長を免ぜられた。後任の村長に書類を引き継ぐため邏卒が付き添って帰宅、夜、調べ中に、あまりの恐怖に遁走した。もともとこの土地調査は戸長の指図を受けてのことなのに、戸長は咎めを受けず七兵衛だけが責められた。それだけにとどまらない。日用品や家財道具が封印され、家業の旅籠屋は営業停止処分を受けた。家族は難渋することこの上なかった。

あるいは邏卒に呼び出された農民は「頭が高い」と言われた。それが誰のことを指しているのか分からないでいると「不埒なり」と責められ、酒田の獄に送られた。長時間にわたって座らされた別の農民は、耐えきれずに体を動かした。すると県令自らが「不敬の挙動」と扇子で頭上を打った後、邏卒に打擲《ちょうちゃく》を命じた。その農民は気絶して水を掛けられ、これもまた酒田の獄に送られた。

三島の県内巡回の様子を、資料はこう語っている。

「村民相語テ云県令ノ管下ヲ巡廻スルハ人民ヲ視ル赤子ノ如ク愛撫ヲ旨トシ教諭ヲ専ラトスルナルヘシト思ヒシニ豈計ラン部民ヲ疾視スル仇ノ如ク昨年来衆民ト相和セサル所ノ旧肝煎等ヲ以テ故ラニ案内者トシ村民ヲ集メ数条ノ申渡ヲナスニハ村方ニテ昨年来紛議ノ節先ンシタル者ヲ県令ノ膝下ニ呼出シ不敬或ハ過失ヲ咎テ叱咤打擲或ハ縛シテ檻倉ニ送ルノ所為ニ至テハ衆民驚愕手足ヲ措所ヲ知ラス聲ヲ呑テ痛哭スル者アリ亦ハ憤激将ニ暴発セントスル者アリ実ニ愁怨村野ニ充ツ

ルノ景況ナリト云」「此巡廻中ノ挙動県令ハ狂人ナリト云評アリ」

（現代文で）

「村人たちは語り合った。県令が管内を巡回するというのは、民を見るに赤子をかわいがるように教え諭すようにするものと思っていたが、あにはからんや逆である。民に対し憎しみをもって仇敵のように扱った。昨年来、民と争った（ワッパ事件＝筆者注）旧肝煎らを案内人にして村人を集め、幾つか申し渡した。昨年来の紛議で先頭に立った者を県令の膝下に呼び出し、不敬や過失をとがめ、大声で叱り殴りつけた。あるいは縛にかけて檻に送った。その行為に民はみな驚愕し、どうしたらいいのか分からない。声を呑み泣き叫ぶ者があれば、激して怒りを爆発させようとする者もあった。怨みが村全体に満ちた」「この巡回中、『県令は狂人だ』という人もいた」（編注29）

県令・三島が巡回している間、酒田県の農村は静まり返ったという。「鬼県令」の面目躍如である。

9月12日、三島は、かねてより農民の不穏な動きが川北より川南の方が大きいのを見て取って県庁を酒田から鶴岡に移した。名称を「鶴岡県」と改め、旧藩校・致道館を政庁とした。

12月、森は「東京曙新聞」に三島県令の遊蕩ぶりを投書、掲載された。

「十三日（鶴岡県庁の）開庁ノ式アリ斯日献品益々夥シク縣庁ニ羅列セリ十二日以来夜々街上ニ燈ヲ點シテ白晝ニ異ナラス市中皆狂人ノ如ク各踊リヲ出シ（毎年九月十三日ハ土地ノ旧習ニシテ明月踊リト称スルアリ然レトモ街上燈ヲ點スル等ノ事ナシ踊リノ数モ亦例年ヨリ幾倍カ多シ士民移縣ヲ祝スルノ故ト云ヒ或ハ官ノ内命ナリト云フ孰レカ是レヲ知ラス）新曲妙舞以テ縣令君ノ寵笑ヲ買ハンコトヲ競フ十四日縣令君始メ諸官員林某ノ宅ニ会宴遊覧セラレ一列踊リハ盡ク芸娼妓ナリ縣令公之ヲ席上ニ昇セ酒興ヲ助ケシメ纏頭十円ヲ投セラル此際不快ノ色ヲ起シ退坐帰宅セシ官員一両輩アリト…文明開化ハカカルモノナルヤト林某ノ戸外ニ見聞スルモノ群ヲナセシト云フ」

鶴岡県庁となった藩校・致道館

（現代文で）

「9月13日に鶴岡県庁の開所式があった。その日は献上品がたくさん並べられた。12日以来、夜な夜な街中に灯がともされ、白昼のようだった。市中、皆、狂ったように踊り出した（毎年9月13日は地元で昔から明月踊りというのがあるが、街中に灯をともすなどのことはない。踊りの数も例年の数倍も多い。士族も平民も県庁を移したのを祝うためだ、あるいは役所の内命があったともいう。どちらかは分からない）。歌を歌い、踊って騒いで県令に喜ばれるのを競い合っているようだった。14日は県令はじめ何人もの役人たちが林某の家に行き、宴会を開いて遊覧した。踊るのは皆、芸者や遊女で、県令は席上に昇らせて酒興し、纏頭《てんとう》（祝儀）10円を投げた。この時、不快な表情を現し、退席して帰宅した役人が1、2人いたという。…文明開化とはそのようなものかと、林某の家の外で見聞き、語り合う者たちが群れをなした」（編注30）

三島県令はよく鶴岡の南、湯田川温泉に行った。夜、女たちと浴場で遊び、翌朝、車を飛ばして登庁したともいう。

元老院が権大書記官・沼間守一を派遣、鶴岡に着任したのは10月だった。森側の反撃が開始された。

沼間は大昌寺を取り調べの場とし、県官、戸長、肝煎、村役人、特権商人を証人として取り調べた。森、金井、本多、農民らは連日、傍聴する。沼間の調べで、石代納を認めず従来の方式での年貢米上納にしたのは、酒田県で参事以下の「評決」で決めていたことが明らかになった。雑税の一部は、遊女屋や料理屋への支払い、

沼間守一が取り調べを行った大昌寺

煙草代、贈物の費用などに使われていた。松ケ岡開墾では、関係のない農民を使役し物品徴発を行っていたことなど、その実態が次々と明らかになった。

取り調べ中、県官、村役人ら60余人が勾留された。ノドを突いて死ぬ者があれば、調べ中に気絶する者、病気になった者、発狂する者もいた。県庁では夜に入っても退庁せず、文書を調べたり、進退伺を出したりと、大騒ぎになった。

取り調べの間、各村から屈強の若者たちが出て、元老院から出張してきた役人たちが宿泊する旅館を警護した。

1カ月に及ぶ取り調べを終えて沼間は帰京した。

県令・三島は、沼間の派遣を激しく非難、「沼間の調べは越権行為だ」と大久保利通に訴えた。

中央政府では、絶対主義国家の確立を急ぐ太政大臣・三条実美、内務省官僚の大久保利通、伊藤博文らのグループと、改良派官僚の元老院、後藤象二郎、陸奥宗光、沼間守一らのグループが路線対立していた。絶対主義とは、君主に至上の権力を付与し、専制的な政治形態をつくることで「強い明治国家」を目指す考え方だ。改良派は、穏健派で漸進的な社会改革を志向する。三島は大久保の直系であった。

鶴岡から帰京した沼間は、間もなく辞職した（沼間は旧幕臣。下野した後、民権派のジャーナリストとして活躍する）。

沼間の調査報告書を元老院から引き継いだ司法省は、審判するため明治9年4月、大審院五等判事・児島惟謙《こじまいけん》を鶴岡に派遣、旧鶴ケ岡城の北東にある花畑御殿に臨時裁判所を開設した。児島惟謙とは後、大審院長（現在の最高裁判所長官）となり、

過納金償還訴訟で取り調べ裁判を行った児島惟謙
(国立国会図書館ウェブサイトより)

大津事件に際して司法権の独立を守り「護法の神」と言われた人物である。愛媛県宇和島出身。当時39歳だった。

児島判事の指示で、森は明治8年5月に酒田県を被告に司法省に訴えた「県官曲庇圧政之訴」の内容を整理し、過納償還金請求としてあらためて訴状を提出した。

請求は、次の14カ条――。

① 明治5、6年貢米売払過金償還を求める。

② 種夫食米棄捐かつ明治6年3月以後8年まで取り立てられた分を下げ戻す。

③ 入作与内米過分を下げ戻す。

④ 相当与内米過分を下げ戻す。

⑤　納方内役方手当米差引金を下げ戻す。
⑥　鶴岡加茂酒田蔵減米備、下敷米、蔵番給の償還を求める。
⑦　高一歩米、振人給米を下げ戻す。
⑧　酒田下俵運賃米を下げ戻す。
⑨　大庄屋屋敷年貢差出調べを請う。
⑩　囲籾償還を求める。
⑪　夫食米貸籾代償還を求める。
⑫　国役金明治８年取立の分を下げ戻す。
⑬　村費課出不名義分の取り戻しを求める。
⑭　後田林（松ケ岡）開墾入費の償還を求める。

農民側の要求した償還金の合計は20万円に達した。

原告は森藤右衛門と、大網村・渡部治郎左衛門、名川村・渡部弥治兵衛の２人の農民。農民の原告代人が大友宗兵衛と本多允釐。被告は鶴岡県で、代理人として県

児島判事が裁判を行った花畑御殿。元は藩主の母親の隠居所であった（2003年８月撮影。その後、解体される）

官の八等出仕・山岸貞文、十一等出仕・氏家直綱の２人が名を連ねた。

１カ月間の調べを終え、児島判事は判決を下さずに帰京した。

６月、大久保利通が鶴岡を訪問、松ケ岡開墾地に足を運んだ。９月には三条実美、山県有朋、伊藤博文の一行が鶴岡を訪れ、松ケ岡や朝陽学校を視察した。朝暘学校は、三島が建てた洋風３階建ての小学校である。絶対主義官僚グループが相次いで鶴岡に来たのは、裁判中の地元情勢や士族の動向を探り、同時に庄内の人々に政府の「威」を示すのが目的だったのは明らかだ。

児島判決が、なかなか出ない。本多允釐、大友宗兵衛、森藤右衛門らが、別々に上京して判決を出すように催促した。しかしそれでも出ない。判決言い渡しは児島判事の出張裁判から２年後の11年６月３日となる。なぜ先延ばしになったのか。それは明治10年２～９月にあった西南戦争のためである。

鹿児島の私学校の生徒ら約１万３０００人が西郷を担いで決起すると、保守・民権両派の士族約７０００人、徴募兵約１万人もこれに呼応した（編注31）。一方、戦争さなかの10年４月、三島は、仙台鎮台二個中隊を鶴岡に招き、要所を固めた。

鹿児島の西郷軍は、熊本城を舞台に政府軍と激しい攻防戦を展開、田原坂でも激しい戦いが行われた。明治政府は、東の庄内士族が西の鹿児島・西郷軍に呼応するのを何としても防がなければならなかった。もし庄内が蜂起すれば、中央政府は東西の旧藩勢力に挟み撃ちにされてしまう。それに続いて各地で不平士族が立ち上がれば、日本全体が再び戊辰戦争以来の内乱状態に陥るのは必定だった。

全国の耳目を集めた庄内の情勢だが結局、「力を量らず犬死するは南州翁（西郷隆盛）の意に非らざるべしと実秀の一言に服従したる」（編注32）こととなった。引退していた菅実秀の一喝で、庄内士族が立つという事態は回避された。

西郷軍は大分、宮崎を敗走して鹿児島に戻った。最後は西郷が城山で自刃して西南戦争は終わった。政府軍は6万余の兵力と最新の兵器を投入した。戦死者は政府軍約7000人、西郷軍約5000人という結果だった。（編注31と同）

西南戦争は終わったが、政府は庄内士族をなお刺激しないようにと、11年6月まで児島判決を控えさせておいたのである。

庄内では、沼間守一の鶴岡出張取り調べから児島判決言い渡しまでの間も、農民の闘いは続いていた。三島は一方で弾圧、一方で懐柔策をとって対処した。入作与内米を明治8年まで逆上って廃止、与内米は裁判の償還金要求項目から取り下げられた。そして三島が強力に推進してきた地租改正事業が、9年9月に一応完了する。その結果、農民側は実質25％の減租となった。三島は、ある程度の負担減で事件を鎮静できると考え地租改正事業を急いだ。それは同時に、酒田県が明治政府の新しい支配体制に組み込まれていく過程でもあった。

明治11年6月3日、児島判決が言い渡された。先に述べた14カ条のうち、③④⑦⑨⑫は原告、被告双方の合意で請求取り下げ。原告の農民側が勝訴したのは②⑤⑥⑬で、①⑧⑩⑪⑭は敗訴となった。

①についての判決理由は―。

「…米価騰貴ノタメ得ル処ノ益金一万千三百五十四円七十銭七厘之アルヲ、擅ニ士族私田開墾ノ費用等ニ供シタルモノ也、右ハ総テ県官ノ所為不当ナリト雖、帰スル所人民ヨリ多余ノ貢額ヲ納メタルニアラズ、抑該益金タル公税完納後米価ノ騰貴ニ依リ生ズルモノナレバ、人民ニ於テ敢テ損害ヲ受ケタル者ト看認ガタシ。如何トナレバ若シ売却ノ時ニ当リ米価下落スルモ、人民ヨリ償却スルノ義務アラザレバナリ、依テ該貢米売却ノ益金原告ヨリ償還請求スルノ権利無之事」

（現代文で）
「米価騰貴のために得た益金1万1354円70銭7厘あり、それを独善的に士族私田の費用に充てた。それは県官の不当な行為といえるが、結局のところ民から多くの献金を集めたとは言えない。そもそも益金は税の完納後、米価の騰貴で生じたものであって民が損害を受けたとは認めがたい。何となれば、もし売却の時に米価が下落した時、民が返却する義務はないからだ。年貢米の益金を原告が請求する権利はない」

県官の行為は不当としながら、益金はたまたま米価の騰貴から生じた問題として、農民側が最も求めていた過納年貢米の返還要求を突っぱねた。

②の判決理由は―。

「種夫食米ナルモノハ…太政官公布（略）ニ拠リ処分スヘキモノナリ。然ルニ被告県庁ニ於テ従前ノ如ク徴収シタルハ、右公布ニ背キ其当ヲ得ザルモノトス…県庁ヨリ取立テタル村々ヘ下戻スベキコト」

（現代文で）

「種夫食米は、太政官布告を根拠に対応するものだ。それなのに被告県庁は従前の方式で徴収したのは公布に背いたもので、正当ではない。県庁は取り立てた村々に下げ戻すべきである」

これを詳細に見ると―、
種夫食米とは、百数十年前の旧庄内藩時代から村々に貸し付けていたもので、毎年、利息米だけを取り立てていた。（維新後は）以前の貸借については明治6年の太政官（八十一号）の公布により対処すべきなのに、被告の鶴岡県は従前通り利息米を徴収していた。これは公布に背くもので当を得ていない。6年から8年まで取り立てた5万３０６６円を、村々に下げ戻すべきだ。

（農民は種夫食米の貸米制度で年３割の高利に苦しみ、元米の棄損や、年賦による返済をしばしば嘆願していた）
⑤の納方内役とは、旧藩時代の代官の下役で、その手当米（給料）を人民に課し

ていた。（新しく）県が置かれた時に下役は廃止されたので、徴収してはいけないはずの米穀（税）である。それなのに従来通りの徴収をしたのは当を得ない。取り立てた明治5、6年の3973円を村々へ下げ戻すべきだ。

（県は、旧藩の代官の下役を引き続き県の事務員に雇った。彼らは、旧藩時代と同様に田地の収税やその他の雑務を担当していた）

⑥の減米備、下敷米、蔵番給（米蔵の保管関係の税）は、明治5年に石代納を許可した太政官二二二号などの公布を守っているとすれば、人民に課すべき米穀（税）ではない。それなのに県は、石代納は人民にとって不便だと憶測し、私的に上納の方法をつくり、（一方で）税を従来通りの方式で徴収していた。県の処理は当を得ないものであり、5、6年徴収した分の6613円を、村々へ下げ戻すべきだ。

（ここにいう米蔵とは、県から依頼を受け、上納を代行した鶴岡、酒田の特権商人の米蔵を指す。判決では、石代納を許可した太政官二二二号の公布を県が守らなかったのは、明確に「不当」との判断を示している）

しかし⑭（松ケ岡開墾入費）についての判決は―。

「当吏員ハ成功ノ速ナランコトヲ欲シ公文ニ等シキ文字ヲ用ヒ農民ノ助力ヲ戸長等ニ促シ、戸長等ハ其意ヲ受ケ寸志トシテ管下ノ農民ヲ使役シ又ハ物品ヲ出サシメタルモノナレバ、其実県庁ノ命令ニアラズ、故ニ公権ヲ以テ徴集シタルモノト言フ可カラズ」

（現代文で）

「担当の役人は開墾事業を速やかに成功させようと公文書に等しい文書で農民の助力を戸長らに依頼し、戸長らはその意を受けて寸志として管内の農民を使役したり物品を拠出させたりしたのであって、実際には県庁の命令ではない。故に公権をもって徴集したというべきではない」

松ケ岡開墾事業への使役、物品調達は県庁の役人が指示したのではなく、その意を忖度した戸長らが行ったことであり公権をもって行ったとはいえない、とした。

（以上、編注33）

これらの判決から8日後、松平親懐に対し、児島判事は刑法に触れるものとして次のような判決を下した。

「其方儀、旧鶴岡県参事奉職中、太政官第二二二号等ノ公布ニ背キ…石代納…大蔵省ヘモ人民ヨリ金納セシ体ニナシ、…其後、売払賦金ヘ償還セシ剰余金一万三百余円アルヲ擅ニ士族私有ノ開墾ニ給与シ…禁獄二百三十五日、申付候事」

（現代文で）

「その方、旧鶴岡県の参事在職中、太政官第二二二号布告に背き、石代納の許可を知らせず、大蔵省へも人民から金納したように装った。その後、剰余金1万300余円を独善的に士族私有の開墾事業に充てた。禁獄235日を申し付ける」（編注34）

旧酒田県の最高責任者として、松平親懐に石代納許可を農民に知らせず剰余金を松ケ岡の私的な開墾事業に回した、として処罰した。

児島は松ケ岡開墾事業について「士族私田開墾」としたり、「公権をもって行ったのではない」としたり、あるいは「士族私有の開墾」としたりと、ちぐはぐな表現をしている。これらは巧妙に目先を変えているのであり、実質的に開墾士族の立場を擁護したものであった。児島判決は、先の沼間守一の取り調べ内容を否定し、特権商人、地主層、開墾士族など旧領主階級、つまり明治政府の支持基盤を守ったのを意味している。ここに旧酒田県が瓦解した後、庄内地方が明治絶対主義国家に組み込まれていく過程が、浮き彫りにされている。

ともかく明治6年以降の県と農民の対立は、児島判決によって一つのケリがついた。農民は20万円には及ばなかったが、合計6万3652円余の償還金を得ることになった。訴えの項目だけ見れば4勝5敗、年貢米過納金は退けられたが貸米、役人手当などの下げ戻しは認められた。封建時代から近代への移行期に、一部勝訴した意味は極めて大きいと言ってよいだろう。判決後、全国の新聞が取り上げ「長い裁判を闘い抜いた上での勝利は民権運動の成果」と大きな反響を呼んだ。「大阪日報」は「徳川時代であれば、森藤右衛門は重罰を免れることはできなかったろう。苦労

はあったが、巨額の金を人民に下げ戻すことができた。新しい時代の恩恵といってよいのではないか」と論評した。(編注35)

6万円余の金は、庄内農民一人一人に「ワッパ」に入れて下げ戻されるはずだった。森は凶作の備えに、あるいは学校資金に充てようと考えていた。しかし判決後、三島は最上川に橋を架けると称して下げ戻し金の64%の天引きを強行した。寄付の形ではあっても実際は強制、脅迫だった。「鬼県令」「土木県令」と言われた三島の本領発揮、したたかさではあった。

(児島判決では、⑬の「村費課出不名義分の取り戻し」について、村役人側の不正を認め、農民側に「地方裁判所へ訴え、処分を受けるべきこと」とした。農民側はあらためて訴え、福島裁判所酒田支庁で審理が行われた。明治12年12月、裁判所は村役人側に1万5000円余を弁償し、農民たちに下げ戻すよう命じた。農民が村役人らの不正を追及、あぶり出した諸帳簿調査が、判決の有力な証拠になった)

解体

三島に償還金の多くを天引きされたとはいえ、農民は訴訟に一部勝訴した。自ら闘い取った勝利を誇り、次の闘いの踏み台にしなければならなかった。しかし現実にはそうはならなかった。米価の下落、土地移動、小作の増加などで個々の農家経営は厳しい状況が続いた。裁判後は償還金の配分、訴訟費用の負担などの問題が絡み合い、訴訟負担ができないのを理由に下げ戻し金の権利を放棄したり、自分の分だけ受け取り村を出奔する者が現れたりした。

改良派士族はどうしたのか。実力者・菅実秀は隠退し、最高責任者・松平親懐は禁獄刑を受けた。彼らにとって対抗すべき旧藩勢力を失った。児島判決前後、農民運動の指導者層から次第に姿を消していく。金井質直は「事（志）が成らない」と同志を謝絶し、身を引いた。農民側は、裁判の謝金（訴訟費用）として森に236

福島県庁の横に立つ河野広中像。河野は、山形県令から福島県令となった三島通庸と福島県議会を舞台に対決する

6円を出し、本多允釐と大友宗兵衛に896円を出したが、本多、大友はこれを不服として森を訴えた（森の敗訴となる）。

共通の利害関係を失い、農民、改良派士族、非特権商人の三者の同盟関係は崩れた。もちろん金井県、石代会社はとっくに自然消滅していた。

その後、事件の指導者は、どこへ向かったのか。森藤右衛門は庄内地方、山形県の自由民権運動の中心人物となる。金井質直は鶴岡で死去、51歳。本多允釐は上京して警視庁の警部、警視となり、後に検事に任官される。仙台、函館、米沢などに勤務、50歳で死去。剣持寅蔵は事件が鎮静化した後、北海道に渡り小樽で亡くなった。

三島通庸は山形県令となり、次いで福島県令に転出し、東日本自由民権運動の領袖ともいうべき河野広中を中心とした福島県の自由民権運動と対決、徹底弾圧して福島事件を起こす。福島県令の後は栃木県令となり、加波山事件を引き起こすのであった。

第4章　世直し一揆から自由民権運動へ

明治の革命

幕末から明治初年にかけて武州（埼玉）、上州（群馬）、伊達・北信（福島）など東日本を中心に全国各地で「世直し一揆」が多発した。封建領主に対する年貢米の減免要求、村役人層や富裕階級への攻撃などで、庄内地方でも同じ時期、川南、海岸沿い、最上川に近い村々で大庄屋や肝煎に対する打ち壊しが断続的に行われた。

世直し一揆から庄内ワッパ事件の児島判決まで、農民闘争はこの間、実に十数年に及んだ。これだけ長期の闘いは日本の農民運動史上、希有の存在だ。長期の闘争を持続し、最終的に勝利を獲得できたのは単に農民だけの一揆にとどまらず改良派士族、非特権派商人が加わり、連合して大がかりな組織をつくり得たからにほかならない。民衆連合が封建体制を崩した特筆すべき事件と言っていいだろう。

明治維新史の研究で知られる高名な歴史学者・服部之総（島根県出身）は、太平洋戦争中、山形県庄内地方に疎開した経験を持つ。住まいは鶴岡と酒田の間、現在の庄内町で、夫人の実家があった。

服部之総は戦後間もなくワッパ事件の研究論文を発表。「ワッパ事件こそ人民の側から体制を崩した真の明治の革命である」（編注36）と述べ、著作集に収録した。服部の著作、見解が筆者にとって大きなヒントになった。

【図3】は、徳川封建体制から明治絶対主義国家への移行を、筆者が図式化したものである。

維新革命により日本は封建体制から資本主義体制へ転換した。革命の担い手は下級武士＝支配者階級だった。明治に移行し下級武士の一部は藩閥官僚となって新政府の中にしっかり鎮座した。しかし藩閥に便乗できなかった大多数の武士＝士族は、支配者から被支配者へ転落していった。一部はやがて知識人となり、文化人となって目覚め、自由民権運動を指導する。

全国的な維新革命はこのような状況だったが唯二つ、鹿児島と庄内は例外だった。

【図３】

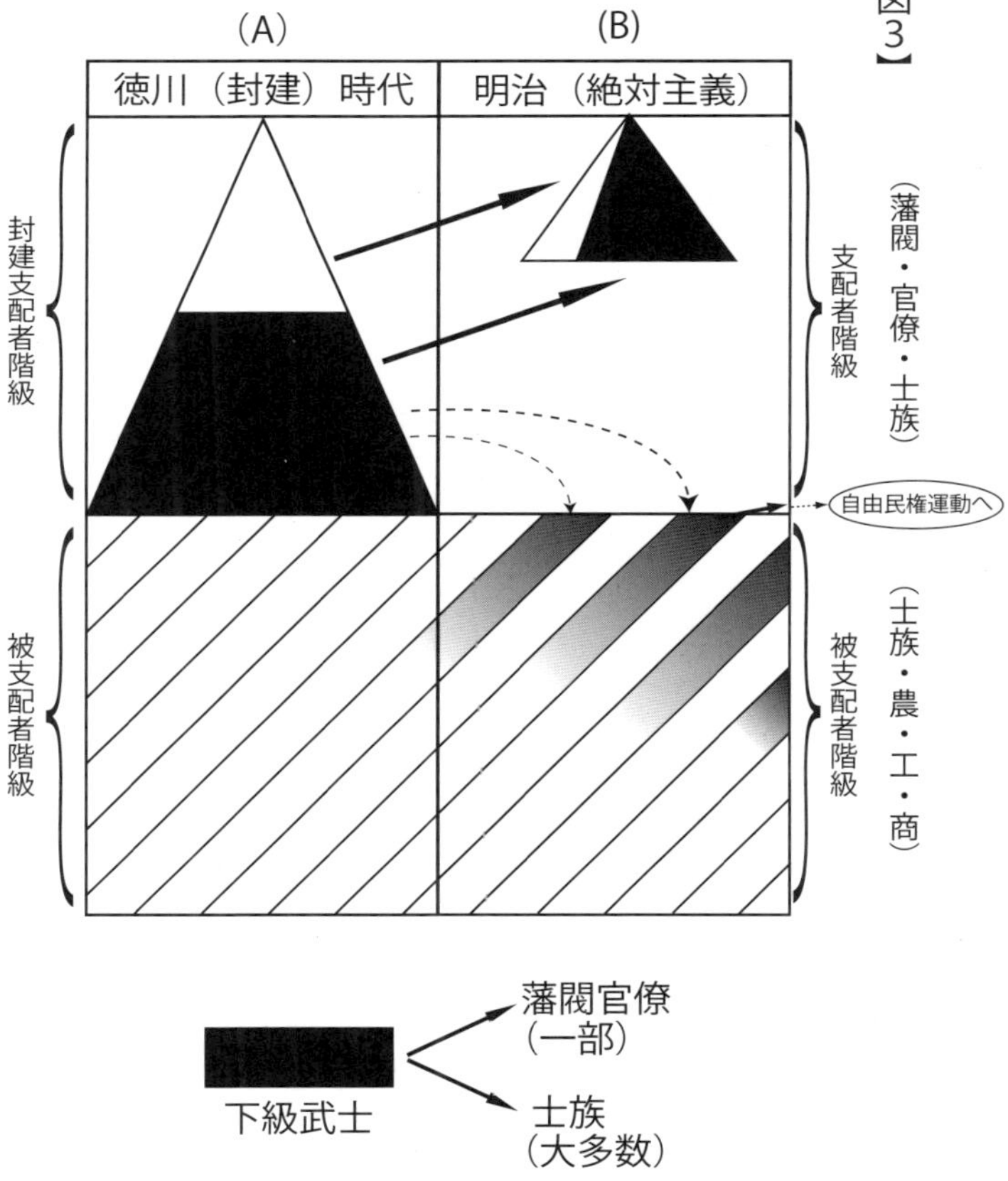
(A)
(B)
徳川（封建）時代
明治（絶対主義）
封建支配者階級
被支配者階級
支配者階級
（藩閥・官僚・士族）
被支配者階級
（士族・農・工・商）
自由民権運動へ
下級武士
藩閥官僚
（一部）
士族
（大多数）

革命を担ったはずの武士が支配者階級から転落したことに、西郷隆盛は承服できなかったのだろう。西郷は士族の地位擁護に終始した。一方の庄内も、実権を握る菅実秀が士族の特権保持のため奔走した。西郷と菅は、士族の特権保持の点で一致した。しかし、鹿児島は西南戦争によって一瞬のうちに封建体制が打ち砕かれた。一方の庄内では、人民の側から封建体制を打ち砕いた。

ここで先の155ページの【図3】を念頭に置いて、63ページの【図1】と118ページの【図2】を参照されたい。

【図1】→【図3】の（A）

【図2】→【図3】の（B）

右のように対応しているのが分かる。

そして【図3】の（A）→（B）が、全国では下級武士を中心に維新の革命で行われたのに対し、庄内では【図1】→【図2】が、農民を中心勢力として改良派士族、非特権商人が加わった三者連合によってなされたのが分かる。

服部之総は、ワッパ事件を「真の明治の革命」と呼ぶと同時に「明治初年の農民一揆と自由民権運動を直接橋渡しする事件だった」と評価した。ワッパ事件それ自体が、農民主体の世直し一揆から、市民が加わった民主主義革命へ転換する過程そのものだったと述べている。

酒田の商人・森藤右衛門は、はじめ非特権商人の利害を代弁する立場からワッパ事件に関わってくるが、その中で次第に商人としての利害関係を超えて農民の代言人となり、やがて自由民権運動家として成長していく。森は農民一揆を訴訟運動へ、闘争形態を合法活動へ転換していく。

明治8年5月の元老院への建白書で、森は①公正な教育を実行すべきこと②正常な官吏選挙を行い、県会を開設すべきこと③新聞局を開き、それをもって官吏を監視すべきこと④芸娼妓を解放すべきこと⑤松ケ岡開墾や武士団の不解兵は誤っている―と訴えた。訴えの根幹にあるのは「自由と平等」「人権重視」である。

続けて、次のように述べている。

「曰ク国家立憲ノ政体ヲ立テ汝衆庶ト倶ニ其ニ頼ラントストスト、是レ　聖意ノ在ル所漸次ニ君民同治ノ政体ヲ創立スル有ン真ニ古今来一大盛事其民ニ与フルニ自主自由ノ権ヲ以テスルコレヨリ大ナルナシ、而シテ本県ノ人民姦吏ノ圧制ヲ受ケ苛政暴斂ニ苦ムカクノ如シ、…地ニ伏シテ罪ヲ待ツ、臣藤右衛門昧死再拝白ス」

（現代文で概略）

「立憲政体の国家をつくり、国民はそれを支えにする。天皇の意志は、君主と国民が一体となった政体を漸次、創っていくところにある。最も大事なのは民に自主自由の権利を与えること、それ以上に大きなことはない。それがないから酒田県の民のように悪政に苦しむのだ。地に伏して藤右衛門、死を覚悟して申し上げる」（編注37）

人民に自主自由の権利を与える立憲君主制、君民同治の政体を、森は求めていたのが分かる。それは当時興隆しつつあった自由民権運動の影響下にあったことを、はっきり示している。

東京で開かれた地方官会議で福島の河野広中と会い、助言を受けたことは先に述べた。明治13年4月の片岡健吉、河野広中による国会開設請願書は、

「日本国民臣片岡健吉、臣河野広中等、敢て尊厳を畏れず茲に謹て恭しく我　天皇陛下に願望する所あらんとす」で始まり、「山形県羽後国飽海郡酒田町尽性社幹事森藤右衛門及び福島県岩代国耶麻郡喜多方村愛身社委員遠藤直喜代理　河野広中」（編注38）で終わっている。

森はワッパ事件の後、明治12年に政治結社「尽性社」を結成、14年に機関紙「両羽新報」を発行する。尽性社は16年に「庄内自由党」となり、全国区の自由党の一翼を担っていく。

「庄内自由党盟約　明治十六年二月

党名　庄内自由党

仮位置　酒田本丁七丁目一番地

一、　吾党ハ、自由ヲ拡充シ、権理ヲ保全シ、幸福ヲ増進シ、社会ノ改良ヲ図ルベシ

一、　吾党ハ、善美ナル立憲政体ヲ確立スルコトヲ希望スルモノトス」

＝一部略＝（編注39）

庄内自由党の目的は、自由を拡大し権利を保全する。幸福の増進、社会の改良を

隆安寺の東側、三森山で見つけたお地蔵さん

目指す。良識ある立憲政体の確立を目標とする。

理事は3人で、「鳥海時雨郎」「森藤右衛門」「清水斉記」の名がある。鳥海時雨郎は後に山形県会議長となる人物。清水斉記は仙台出身で、森と栗原進徳に招かれ鶴岡の「法律学舎支校」の教官となった人物だ。後に酒田に移り、森の民権運動の協力者となる。

森藤右衛門は庄内地方における自由民権運動の嚆矢であり、酒田戸長、山形県会議員となり、両羽新報の中にあって民権運動のリーダーとして活躍する。しかし明治18年、山形の旅館で急逝した。44歳の若さだった。

世直し一揆から十数年に及ぶ庄内人民の闘いは、封建体制を打ち崩し自由民権運動へ連動、移行していく過程を同一地域でさまざまな人々が登場し、ダイナミックに演じた。人民のエネルギーを原動力に、近代日本の扉を開く中で、新しい歴史を創造したのである。

抵抗の精神

明治10年、福沢諭吉は、西南戦争、西郷隆盛について著書『丁丑《ていちゅう》公論』で次のように論評している。

「凡そ人として我が思ふ所を施行せんと欲せざる者なし。則ち専制の精神なり。故に専制は今の人類の性と云ふも可なり。人にして然り。政府にして然らざるを得ず。政府の専制は咎む可らざるなり。

政府の専制咎む可らずと雖も、之を放頓すれば際限あることなし。又これを防がざる可からず。今これを防ぐの術は、唯これに抵抗するの一法あるのみ。世界に専制の行はるゝ間は、之に対するに抵抗の精神を要す。其趣は天地の間に火のあらん限りは水の入用なるが如し。

近来日本の景況を察するに、文明の虚説に欺かれて抵抗の精神は次第に衰頽するが如し。苟も憂国の士は之を救ふの術を求めざる可らず。抵抗の法一様ならず、或は文を以てし、或は武を以てし、又或は金を以てする者あり。今、西郷氏は政府に抗するに武力を用ひたる者にて、余輩の考とは少しく趣を殊にする所あれども、結局其精神に至ては間然すべきものなし」

（現代文で）

「人として、自分の思うところを実行しようと欲しない者はいない。それが専制の精神である。専制は人の性《さが》というものだ。人がそうであれば、政府とて同じだ。政府の専制を咎めることはできない。

だが、政府の専制を咎めることはできないからといって、それを放置すれば際限がない。それを防がなければならない。今、それを防ぐ方法は、ただ抵抗する方法しかない。世界で専制が行われる限り、それに対するには抵抗の精神を要する。それは、この世に火事のある限りは（消すための）水が必要なのと同じだ。

近年、日本の情勢を見ると、文明の虚説に欺かれて抵抗の精神は次第に衰えているかのようだ。憂国の士は、それを救う方法を求めなければならない。抵抗の方法は一つではない。文でする者もあれば、武でする者もある。お金でする者もある。今、西郷氏は政府に抵抗するのに（西南戦争という形で）武力を用いた。私の考えとは少し趣が異なるところがあるけれども、結局、その精神においては非難すべきものではない」

福沢諭吉は、西南戦争における西郷の〝抵抗の精神〟を重んずる。そして――、

「政治は益々中央集権、地方の事務は日に煩冗、此も政府の布告、彼も地方官の差図とて有志の士民は恰も其心身の働を伸るに地位を見ず、其鬱積遂に破裂して私学党の暴発と為り、西郷も実に進退維谷の場合に陥り、止を得ずして遂に熊本県に乱入の挙に及びたりと。此説或は然らん。然ば則ち彼れの心事は真に憐む可くして、

之を死地に陥れたるものは政府なりと云はざるを得ず。

明治七年内閣の分裂以来、政府の権は益々堅固を致し、政権の集合は無論、府県の治法、些末の事に至るまでも一切これを官の手に握て私に許すものなし。人民は唯官令を聞くに忙はしくして之を奉ずる遑あらず。……

政府は唯無智の小民を制御して自治の念を絶たしむるのみに非ず、其上流なる士族有志の輩を御するにも同様の法を以てして、嘗て之に其力を伸ばす可きの余地を許さず。抑も廃藩以来日本の士族流は全く国事に関するの地位を失ひ」

（現代文で）

「政治はますます中央集権化し、地方の事務は日々煩雑になってきた。これも政府の布告、あれも地方官の指図ときて、有志の士族、民は活躍の場を見いだせず、鬱積がついに破裂して私学校のような暴発が起きた。西郷も、進むことも退くこともできなくなり、やむを得ず熊本県に乱入したのだと。その説は、あるいはその通りかもしれない。であれば彼の心は真に憐むべくして、死地に陥れたのは政府の責任だと言わざるを得ない。

明治7年の内閣分裂以来、政府の権限はますます堅固になり、政権の集合は無論、府県の行政から細かなことまで一切、官の手に握られた。人民はただ、官の命令を聞くに忙しいばかりである。…

政府はただ民を制御して自治の念を絶つばかりでなく、上流の士族有志らをも同様の方法で制御し、士族が力を伸ばすことのできる場をつくらない。廃藩以来、日本の士族たちは、全く国事に関する地位を失ってしまった」

維新後、急速に中央集権国家体制づくりに邁進していく明治政府。福沢諭吉は、それによって民の自治の志を断ち、士族の不満を解くことのできなかった政府を批判している。

『丁丑公論』の編者、石河幹明（「時事新報」主筆）は次のような注釈を付けている。

「薩人の争ふ権利は果して人民自治の権利か、其辺に至ては余輩も之れを保證する能はず、恐くは権利の未熟なるものならん。然りと雖も之を争ふは即ち抵抗の精神なり。之を争ひ之に抵抗し、遂には其未熟なるものも熟して自治の権利を発明するに至る可し」

（現代文で）

「薩摩人が争ったのは、果たして人民自治の権利だったのか、その辺りについては私も保証はできないが、恐らくは権利の未熟なものだったのだろう。しかし政府と争ったのは、すなわち抵抗の精神であり、争い、抵抗することによって、ついには未熟なものが熟し、自治の権利を創っていく道が開かれるものだ」

石河幹明は、西南戦争によって鹿児島士族が如何なる権利を求めていたのかは明らかではないが、中央集権国家体制づくりに抵抗し何らかの自治の権利を創り上げていく可能性の萌芽を見いだすことができる、としている。筆者も鹿児島士族が人民自治の権利を求めて中央集権国家体制づくりに反逆したとは考えないが、西南戦争が上からの中央集権国家体制づくりに対する一つのアンチテーゼであったと考える。

自治の精神

鹿児島と同じような状況にあった庄内はどうだったか。筆者は庄内ワッパ事件の中に鹿児島のなし得なかった「人民自治」の成立を、一時的ではあったが認めることができると思う。

庄内は明治に入っても旧藩体制そのままであったが、旧藩体制＝酒田県政を無視し、農民、改良派士族、非特権商人の三者が連合して「金井県」を創り、「石代会社」を創った。ここに真の「人民自治」の姿を見いだすことができる。酒田県という既存の権力を否定し、金井家に県庁を置き、隆安寺を金井県出張所、金井家に寄寓する士族らを天朝御役人と称して憚らない。それまで県官、特権商人を介して租税を現物納していたのを、県官、特権商人の介在を断ち、自分たちで作った米を自分たちで集め、自分たちで換金・納税する、利益は自分たちで分け合う「石代会社」を設立した。自主管理自主運営の独自の政治・経済組織を樹立し、〝自治〟を完遂する。絶対主義官僚・三島通庸によって最後は葬り去られるが、これこそ「人民自治」の完成された姿ではなかったのか。

◇　◇

時計の針を少々、巻き戻そう。

ペリー提督率いる米国艦隊が、江戸湾の入り口、浦賀沖に来航したのは嘉永6年（1853年）6月である。「外圧」をきっかけに徳川封建体制が崩れた。明治維新によって、日本の針路は資本主義国家の道へと大きく切り換えられた。

革命を支えた思想は、「外圧ショック」から急膨張した尊皇攘夷という巨大なナショナリズムであった。「西欧の列強諸国による植民地化を何としても避けなければならない」。明治新政府の政権を担った人々は、列強の圧力に屈しない強い国家を再建しなければならない、そのためには中央集権による統一国家をつくるのが急務だと考えた。それが「国権優先」の考え方だ。一方、民衆の人権、福祉を尊重しようというのが「民権優先」の考え方だ。「国権」と「民権」の相克が、近代日本の出発点となる明治国家の宿命であった。

今、一般に明治国家とは、天皇制の下、強力な陸海軍を保持した国というイメージが強い。しかし、それは大日本帝国憲法制定以後の姿である。明治時代の初期は国家の揺籃期であり、混沌としていた。国も地方も制度の枠組みが出来ていない。方向が定まっていない時期だからこそ自由と民権を叫び求めた「自由民権運動」が起こり得た。

新しい国づくりが始まった。国権優先の政府に対して、民衆は民権優先を訴え、各地で闘い、あるいは蜂起した。庄内ワッパ事件もその一つであった。

国権優先か、民権優先か、政府部内でも揺れた。大久保利通、伊藤博文、三島通庸らの絶対主義官僚と、後藤象二郎、沼間守一ら改良派官僚との路線対立も、根は国権と民権の相克の現れである。児島判決は、当時の「国権優先」の力関係を、見事に結果で示した。

明治国家の中央集権体制の骨組みは、現在まで維持、継続されている。現代日本の過密過疎の問題、上意下達式の権力機構。これらの病根は、近代日本のはじまりの段階でつくられた中央集権国家体制から生じた。原点は「明治維新」にある。明治ナショナリズムと中央集権国家体制、国権優先による政治は、昭和になって太平洋戦争を引き起こした。明治維新がなければ、太平洋戦争はなかったはずだ。戦後も、効率化優先の高度経済成長の道を突き進んだ。その過程で時に地域主義、地方分権は掲げられたが、中央集権・東京一極集中はびくともしない。

抵抗の精神、自治の精神という民衆が提起したテーマは今なお、われわれに引き継がれているのである。

関係年表

・元和8年（1622年）
酒井忠勝、庄内藩主として入部する。居城は鶴岡。
・江戸中期
本間家、酒田を本拠地に土地を集積し、大地主になる（最大時1800ヘクタール）。海運業、金融業界にも一大勢力を築く。
・文久3年（1863年）11月
庄内藩主、江戸市中取締役を命ぜられる。
・慶応3年（1867年）10月14日
徳川慶喜、大政奉還する。
・慶応3年12月9日
王政復古のクーデター。
・慶応3年12月25日

庄内藩、薩摩藩の江戸藩邸を焼き打ちする。

・慶応4年（1868年）1月3日

鳥羽伏見の戦い始まる。戊辰戦争へ。

・明治元年9月22日

会津若松城が開城。会津藩、新政府軍に降伏する。

・明治元年9月26日

庄内藩主・酒井忠篤、新政府軍に降伏する。27日、征討軍が鶴岡に入城。

・明治元年12月24日

庄内藩主、会津若松への転封を命ぜられる。

・明治2年（1869年）2月

転封阻止へ、御用金が士族、各組各村へ割り当てられる。

・明治2年2月

庄内2郡の農民、転封阻止の訴えを始める。

・明治2年6月15日

庄内藩主、磐城平へ転封変更の命令を受ける。
- 明治2年7月22日
庄内藩主、庄内復帰を許され、代償として金70万両献金を命ぜられる。
- 明治2年10月
川北農民が蜂起、天狗騒動を起こす。
- 明治3年（1870年）11月
旧藩主・酒井忠篤、藩士精鋭50人と西郷隆盛に師事するため鹿児島に留学。
- 明治4年（1871年）7月
廃藩置県が断行される。兵制改革で藩兵を解体、大泉県はこれを無視。
- 明治4年11月2日
酒田県（第2次）が設置される。参事に松平親懐、権参事に菅実秀が就く。
- 明治5年（1872年）8月17日
士族3000人が後田山の開墾を開始する。「松ケ岡」と命名。
- 明治5年10月7日

太政官布告第二二二号により、年貢米の金納（石代納）許可の通達が出る。
・明治６年（１８７３年）３月
松ケ岡開墾地の脱走士族が司法省に訴え出る。
・明治６年３月
金井質直ほか29人が司法省へ訴え出る。
・明治６年７月
地租改正条例が公布される。
・明治６年10月23日
征韓論敗れ、西郷隆盛が野に下る。
・明治６年末
石代納布告の件、農民の間で噂が広がる。
・明治７年（１８７４年）１月
鈴木弥右衛門、佐藤八郎兵衛ら、農民たちが戸長や酒田県庁に次々と石代納嘆願書を提出する。

●明治7年2月22日
佐藤八郎兵衛、白幡五右衛門、富樫勘助、斎藤甚助、渡会重兵衛ら捕縛される。
●明治7年7月6日
金井質直ら、白幡五右衛門らの釈放を内務省に訴える。
●明治7年7月17日
内務少丞・松平正直、酒田で取り調べ裁定、農民を釈放。7年からの石代納を認める。
●明治7年7月18日
酒田県、参事・松平親懐名で、石代納を認める布達を出す。
●明治7年7月23日
本多允釐と森藤右衛門が、石代会社の構想を話す。
●明治7年7月
鶴岡の金井質直宅を本庁に金井県を創設、隆安寺に金井県出張所を置く。
●明治7年8月1日

下山添村の八幡神社で開かれた農民集会で、改良派士族が石代会社創設を提案、会社規則を読み上げる。石代会社加入の動きが、各地へ拡大。

・明治7年8月

諸帳簿公開要求が激化する。

・明治7年9月9日

酒田県、太政官から臨機処分の権限を受けて大量検挙に着手。士族1000人を臨時卒捕吏とする。

・明治7年9月

森藤右衛門、上京する。

本多允釐が逮捕される。農民が大量蜂起、酒田襲撃を計画。剣持寅蔵、大友宗兵衛、金井質直ら次々に上京する。

・明治7年10月9日

森藤右衛門、左院へ酒田県の県治について建白する。

・明治7年10月10日

金井質直、司法省へ訴え出るが、かえって勾留される。

・明治7年11月

権参事・菅実秀が辞職する。

・明治7年12月16日

三島通庸、酒田県令となって着任する。

・明治8年（1875年）1月17日

森藤右衛門、県令・三島通庸に酒田県の秕政を訴える。

・明治8年5月5日

森藤右衛門、酒田県を被告として県官曲庇圧政を司法省に訴える。

・明治8年5月12日

森藤右衛門、元老院に申し立てる。建白書が報知新聞に掲載される。

・明治8年6月

第1回地方官会議が開かれる。森藤右衛門、河野広中らと会う。

・明治8年6月7日

森藤右衛門の投書が東京日日新聞に掲載される。

- 明治8年6月20日

訴え、願いがすべて却下される。万策尽きた農民代表は帰県する。

- 明治8年7月

森藤右衛門と栗原進徳が校主となり、鶴岡に法律学舎支校を創設する。

- 明治8年9月12日

酒田県を廃し、鶴岡県に改め移転する。

- 明治8年10月

元老院権大書記官・沼間守一、鶴岡で出張取り調べを行う。

- 明治8年12月5日

森藤右衛門、東京曙新聞に県令三島通庸の遊蕩ぶりを投書、掲載される。

- 明治9年（1876年）4月

大審院五等判事・児島惟謙が鶴岡で出張裁判を行う。

- 明治9年9月19日

三条実美、山県有朋、伊藤博文の一行が鶴岡の朝陽学校を視察する。

・明治10年（1877年）2月
西南戦争が始まる。

・明治10年4月
県令・三島通庸、仙台鎮台兵二個中隊を鶴岡に招く。

・明治10年9月24日
西郷隆盛が城山で自刃。西南戦争が終結する。

・明治11年（1878年）6月3日
児島惟謙、判決言い渡し。農民側、一部勝訴する。

・明治12年（1879年）
森藤右衛門、政治結社・尽性社をつくる。

・明治13年（1880年）11月
農民勝訴判決を不服として、旧村役人らが宮城上等裁判所に控訴するが、農民側が勝訴する。

・明治14年（1881年）10月3日
訴訟謝礼金配分に関連して、大友宗兵衛対森藤右衛門の裁判が行われる。森が敗訴。
・明治14〜17年（1881〜1884年）
森藤右衛門、両羽新報を発行する。
・明治16年（1883年）
森藤右衛門、庄内自由党を結成する。

【編注】

（第1章）

1　日本の歴史　20明治維新（井上清、中公文庫、１９７４年）

2　山形県議会八十年史　明治（山形県議会、１９６１年）

（第2章）

3　鶴岡市史・中巻（鶴岡市史編纂会、鶴岡市、１９７５年）

4　同

5　同

6　ワッパ騒動と自由民権（佐藤誠朗、校倉書房、１９８１年）

7　庄内転封一揆乃解剖　明治初年庄内ワッパ騒動（黒田伝四郎、山形県農民経済研究所、１９３９年）

（第3章）

8　ワッパ騒動と自由民権

9　庄内転封一揆乃解剖　明治初年庄内ワッパ騒動

10　ワッパ騒動史料・上　大隈文書（鶴岡市史編纂会、1981年）

11　ワッパ騒動と自由民権

12　山形県史　資料編　近現代史料（山形県、1978年）

13　同

14　ワッパ騒動史料・上　大友宗兵衛ら黒川組へ廻村の事

15　ワッパ騒動と自由民権

16　同

17　鶴岡市史・中巻

18　ワッパ騒動義民顕彰会の2014年までの調査による

19　桂俣村農民　ワッパ騒動日記（斎藤三郎氏所蔵、解読・秋保良氏、読解・ワッパ騒動義民顕彰会、同顕彰会発行、2009年）

【編注】

20 鶴岡市史・中巻
21 ワッパ騒動義民顕彰会の提供資料・荘内史要覧による
22 近代民衆の記録　農民　ワッパ一揆嘆願書―剣持寅蔵（松永伍一編、新人物往来社、１９７２年）
23 荘内ワッパ事件の資料（国分剛二、荘内30、31合併号、１９４０年）
24 同
25 ワッパ騒動と自由民権
26 荘内ワッパ事件の資料
27 日塔哲之氏の研究による
28 ワッパ騒動と自由民権
29 山形県史　資料編　三島文書（１９６２年）
30 同
31 日本史辞典（監修・永原慶二、編集・石上英一ら、岩波書店、１９９９年）・西南戦争の項

32　廃藩置県前後の荘内秘話（千葉弥一郎、荘内史料研究会、1932年）
33　鶴岡市史・中巻
34　出羽百姓一揆録　明治初年荘内転封阻止一揆（山形県経済部、1935年）
35　自由民権の先駆者　森藤右衛門（佐藤治助、鶴岡書店、2002年）

（第4章）

36　服部之総著作集　明治の革命（理論社、1972年）
37　山形県史　資料編　近現代史料
38　自由党史　上（監修・板垣退助、校訂・遠山茂樹、佐藤誠朗、岩波文庫、1957年）
39　山形県史　資料編　近現代史料

【主な参考文献、資料】

庄内転封一揆乃解剖　明治初年庄内ワッパ騒動（黒田伝四郎、山形県農民経済研究所、１９３９年）
荘内藩幕末秘史（重田鉄矢、庄内史料研究会、１９３１年）
廃藩置県前後の荘内秘話（千葉弥一郎、荘内史料研究会、１９３２年）
出羽百姓一揆録　明治初年荘内転封阻止一揆（山形県経済部、１９３５年）
荘内ワッパ事件の資料（国分剛二、荘内30、31合併号、１９４０年）
河野磐州伝（河野磐州伝編纂会、河野磐州伝刊行会、１９２３年）
山形県史　資料編　三島文書、近現代史料（山形県、１９６２年、１９７８年）
山形県議会八十年史　明治（山形県議会、１９６１年）
鶴岡市史・中巻（鶴岡市史編纂会、鶴岡市、１９７５年）
秋田県史　維新期（秋田県、加賀谷書店、１９７７年）
日本の歴史　20明治維新（井上清）、21近代国家の出発（色川大吉）＝（中公文庫、

1974年)
ワッパ一揆の農業構造(佐藤誠朗、歴史評論156号、158号、校倉書房、1963年)
明治維新と農民闘争 天狗騒動からワッパ一揆へ(佐藤誠朗、井川一良、歴史学研究352号、青木書店、1969年)
明治維新と特権的商人地主 維新期における本間家の動向(井川一良、日本歴史295号、吉川弘文館、1972年)
明治初年農民騒擾録 山形県(土屋喬雄、小野道雄、勁草書房=初版は南北書院、1953年)
近代民衆の記録 農民 ワッパ一揆嘆願書―剣持寅蔵(松永伍一編、新人物往来社、1972年)
日本庶民生活史料集成 騒擾 天狗騒動(谷川健一ほか編、三一書房、1974年)
ワッパ一揆(佐藤治助、三省堂、1975年)

【主な参考文献、資料】

ワッパ騒動と自由民権（佐藤誠朗、校倉書房、１９８１年）
ワッパ騒動史料上、下（鶴岡市史編纂会、鶴岡市、１９８１、２年）
山形県の歴史（誉田慶恩、横山昭男、山川出版、１９７０年）
庄内藩酒井家（佐藤三郎、東洋書院、１９７５年）
酒田の本間家（佐藤三郎、中央書院、１９８７年）
新編庄内人名辞典（庄内人名辞典刊行会、１９８６年）
日本史辞典（監修・永原慶二、編集・石上英一ら、岩波書店、１９９９年）
自由党史　上（監修・板垣退助、校訂・遠山茂樹、佐藤誠朗、岩波文庫、１９５７年）
服部之総著作集　明治の革命（理論社、１９７２年）
福沢諭吉全集　丁丑公論（慶應義塾、岩波書店、１９７０年）
西郷隆盛（圭室諦成、岩波新書、１９６０年）
日本近代国家の形成（原口清、岩波書店、１９６８年）
明治維新（遠山茂樹、岩波全書、１９７２年）

東北の歴史と開発（高橋富雄、山川出版、１９７３年）

自由民権の先駆者　森藤右衛門（佐藤治助、鶴岡書店、２００２年）

桂俣村農民　ワッパ騒動日記（斎藤三郎氏所蔵、解読・秋保良氏、読解・ワッパ騒動義民顕彰会、同顕彰会発行、２００９年）

大地動く―蘇る農魂（ワッパ騒動義民顕彰会編、東北出版企画、２０１０年）

おわりに

学生時代、文学部に籍を置き日本思想史学を専攻した。日本思想史学は、人々の歴史の中から「思想」の部分を、エキスを抽出するように取り出し分析、再構成する学問だ。そこで問われるのは、再構成する側の人間自身の思想であり哲学である。明治維新、近代民衆思想を模索する中で出合ったのが山形県庄内地方で起きた表題の農民蜂起、自由民権運動だった。

1979年12月、筆者は、担当教官の源《みなもと》了圓《りょうえん》教授＝近世思想史。現・東北大学名誉教授、日本学士院会員＝に卒業論文「ワッパ事件の研究―東北農民の維新史」を提出した。翌年2月、その論文をもとに教官対学生で、口頭試問が行われた。源先生（教授）にはそれなりの評価を頂いた。そして最後に、こう告げられた。

「ワッパ事件を、一冊の本に書いてみたまえ。君のライフワークにしてはどうかね」

大学を卒業して新聞社に入社した。日々、取材や編集の仕事に追われる記者生活を続ける中、源先生に言われた「ワッパ事件をライフワークに」の言葉が、常に頭の片隅にあった。「ライフワークにはできないかもしれないが、いつの日かもう一度調べ直し、一冊の本にまとめたい」という思いを抱き続けた。

あれから35年が過ぎた。本書「庄内ワッパ事件」は、筆者の卒業論文を基に、再構成して書き上げた。庄内藩の戊辰戦争や、農民蜂起の部分は大幅に書き換えた。事件の発生、経過をあらためて丹念に追った。が、分析や評価については基本的に学生時代の卒業論文と変わっていない。そして卒業論文も今回の本書の内容も、筆者自身の思想、哲学の反映である。

卒業論文の資料を集めるために、初めて庄内を旅したのが1978年7月だった。鶴岡市の郷土資料館で資料を集め、鶴ケ岡城跡（鶴岡公園）や藩校・致道館、鶴岡の町並み、松ケ岡開墾地を見て歩いた。酒田市では山居倉庫や本間家旧本邸を見学し、光丘文庫にも足を運び資料を探した。以後、1981年、1997年、2003年と庄内に行き、事件の関係地や人を訪ねて歩いた。しかし現地でも、「ワッパ事件って何?」と言われるほど、一般には無名の存在であった。

隆安寺で、住職の板垣顕栄さん(故人)にお話をうかがったのは1981年だった。「ワッパ一揆が起きた時、隆安寺は金井県の出張所と称した。当時の住職、法勧さんは近郷の農民に寺のお堂を提供した。農民は、表面上は『寺に供養で集まった』と言って、内実は一揆を開くための相談をしていた」と話した。

法勧は、児島惟謙の裁判が終わって間もない明治16年に亡くなった。その後、明治年間に寺は火事で焼けたという。

「ワッパ一揆のことは、もともと世間に隠そう隠そうとしていたし、火事にも遭って、寺には記録も何も残っていない。戦前、農民の立場に立って一揆を書いた本が出たことがあったが、本が書店に並ぶと、かき集められて処分されるという事件があった。一揆のことは、庄内では触れてはならないこととされてきた。寺の周辺の地域には、一揆を指導した白幡五右衛門、板垣金蔵、佐藤直吉らの家があった。末裔の人たちが今もいるが、過去の歴史を語ることはない」。顕栄さんが、厳しい表情で語っていたのを、今もよく覚えている。書店から消えた本とは、黒田伝四郎著の「庄内転封一揆乃解剖」を指すことは、後で調べて分かった。ワッパ事件を、初めて農民側の視点から描いた本だった。

小説「ワッパ一揆」を書いた鶴岡の佐藤治助さん(故人、元教員)にお会いしたのは2003年だった。事件の関係地が今はどんな場所になっているのか、関係者の末裔はどうしているのかなど聞かせていただいた。治助さんが事件の指導者、剣持寅蔵の出身地・椿出地区を初めて訪ねた時だった。地元の人から「あれは大泥棒で、何度も牢屋に入れられた男だ」と言われた。「先祖の所業を暴きに来たのか」と言われたこともある。なぜ庄内ではワッパ事件に触れるのがタブーなのか。「酒井の殿様や、旧藩時代の偉い人たちの末裔が今もいるから」と治助さんは耳打ちするように話してくれた。

◇

戊辰戦争で、徳川幕府を守る側に立った庄内藩が事実上、勝利した、と筆者は見る。全国では佐幕の諸藩は敗北し、政権は幕府から明治新政府に取って代わった。

鹿児島は西南戦争で旧体制が崩壊した。つまり全国で唯一、庄内だけが殿様も旧体制もそのままで、政権交代が行われない土地として残った。戊辰戦争で庄内藩が負けていれば、そうはならなかった。負けて政権交代していれば、事件の発端となった新政府の石代納許可の布告を無視することもなく、庄内武士団も解兵せざるを得なかったはずだ。

体制が変わらず、オール与党で、議論も論争もない。それが歴史のタブーを生む土壌になったのだろう。体制批判の芽が摘まれ、庄内ワッパ事件は歴史の中に埋没していった。

◇

筆者は、幾たびも庄内を旅した。しかし、一冊の本にまとめるところまでは至らなかった。事件の調査はともかく、歴史に埋もれた人々の名誉回復までは手が届かない。旅しただけではどうにもならない。テーマが、あまりに大き過ぎると感じた。

歳月が流れる中、刺激されたのは「ワッパ騒動義民顕彰会」（初代代表・日塔哲之氏、現・本間勝喜氏）の人たちの動きだった。埋もれた歴史を掘り起こそうと、庄内の地元の人たちが立ち上がった。タブーに挑み、事件に関わった人々とその末裔の人たちの名誉回復に取り組んだ。２００９年、川南の農民が集結した鶴岡の水沢地区「からすか」近くに義民顕彰碑を建てた。顕彰運動の輪は広がり、「森藤右衛門を顕彰する会」が結成された。酒田の亀ケ崎地区、酒田県庁跡のそばに森藤右衛門の顕彰碑が建てられたのは２０１２年だった。

素晴らしい出来事。筆者自身、大いに勇気づけられた。「自分ができる範囲の中で、もう一度やってみよう」と思い至った。

桜咲く春、再び庄内を訪ねた。隆安寺に行き現住職の板垣洋志さんにお会いした。寺の開基は万治３年（１６６０年）で、洋志さんは19代目になる。あらためて寺の歴史などを教えていただいた。「寺に資料は残っていないが、事件当時の住職、法勧さんには（身分の）上の者も下の者も一緒に救済しようという浄土真宗の『弱者救済』の考えが、基本にあったのではないか」と話した。寺の東側にある小高い丘が、墓地になっている。洋志さんに案内していただき、法勧住職の墓と、すぐ前にあった白幡五右衛門の墓の前で手を合わせた。

隆安寺に同行を願ったのは、ワッパ騒動義民顕彰会・事務局長の星野正紘さんだった。隆安寺を辞し、星野さんに車で事件の関係地を案内していただいた。

水沢地区の「からすか」近くに立つ義民顕彰碑を見た。思ったより大きく、立派な石でつくられていた。「ワッパ騒動義民之碑」と石に大きな文字が刻まれていた。

そこから日本海側に向かい、三瀬地区の笠取峠に上った。温海方面から、鎌や竹槍を持って蜂起した1000人の農民が越えた峠である。海に面した断崖絶壁の横腹を行く峠道で、当時の状況を彷彿とさせる荒涼たる風景であった。

三瀬を背にして、西から東へ車を走らせた。かつての田川村、高坂村、松根村、椿出村を過ぎ、黒川村の春日神社、下山添村の八幡神社を見た。川南をぐるりと回り、庄内は何と広いのかと実感した。140年以上も前、車も電話もない時代に、酒田監獄を襲撃しようと計画した農民たちは一体、どうやって連絡を取り合ったのだろうか。とてつもないエネルギーを費やしたのだろう、と思うばかりだった。

事件で真っ先に石代納願を出した片貝村・鈴木弥右衛門の末裔の方にも会うことができた。鈴木家は鶴岡市の南部、赤川の西にある。

弥右衛門は、再三にわたって酒田県に石代納願を出したが、拒否され、逆に県官・戸長の命により家屋敷が取り壊された。潜伏後、上京して司法省に訴え出た人物だ。県官・戸長が家屋敷を取り壊したのは、年貢米未納を理由にした財産処分だが、実際は他の農民に対する見せしめであった。

弥右衛門は大きな農家であり、酒造業も営んでいた。酒造に使った井戸を見せていただいた。畑の中にあり、すぐそばには小さなお堂が立っていた。羽黒山信仰の厚かった弥右衛門は、敷地内にお札を入れるお堂を建てて祀ったという。鈴木家で明治時代から残っているのは古井戸とお堂だけである。今にも弥右衛門が、お堂の陰から姿を現しそうな気がした。

鶴岡市街では、金井3兄弟の家、松平親懐、菅実秀の家のあった場所を教えていただいた。昔の城下町とはいえ、家々は歩いて数分から十数分の距離だ。隣近所でいながら、あのすさまじい事件をよく闘ったものだと驚くほかなかった。

義民顕彰会の事務局長を務める星野さんは、鶴岡市に住む。元小・中学校の教員であり、義民顕彰会を立ち上げた人物の一人だ。

地域の歴史発掘に取り組んだそもそものきっかけは、NHKの大河ドラマ「獅子の時代」（1980年、山田太一オリジナル脚本、菅原文太主演）を見たことだった。戊辰戦争に敗れた旧会津藩士が、時代に翻弄され、流浪の旅をしながら最後に行き着いたのが埼玉県の秩父地方だった。ここで秩父事件の指導者の一人になるという設定だ。次いで映画「草の乱」（2004年、神山征二郎監督）が作られた。これも舞台は秩父事件。星野さんは、秩父の現地に足を運んだ。調べるうちに「そういえばワッパ事件のあった庄内には、碑も何も立っていない」と気がついた。「地元の歴史の見直しこそ必要ではないか」と感じたところから、ワッパ騒動義民顕彰会をつくる運動が始まった。知人から「この鶴岡で、そんなことできるわけがない」と言われた。しかし持ち前の行動力で跳ね返し、顕彰碑を建て、事件に参加した891人の義民の名前を明らかにし、名簿を載せた本「大地動く―蘇る農魂」の出版にこぎ着けた。

以来、庄内の各地で講演会などにたびたび招かれ、話す機会を得た。身近な地域の地名が出て来る。知っている人の先祖の名前も出て来る。参加者は真剣に聴いてくれた。「ワッパ事件って、今まで全然知らなかった」「もっと続きをやってくれ」「俺の家の先祖も義民だったんだ」と口々に語る。人々の意識が、義民顕彰運動を通じて変わってきた。

そして星野さんは、こう語った。

「今までの研究では、ワッパ事件は裁判後の償還金の配分をめぐる争いになって終わったように描かれている。しかし、それも近年は見直されている。例えば事件後、庄内地方の地租、税金が下がった。それによって農家の負担が軽減され、農業の発展を促した。庄内農業の近代化への道を開いた」

一揆の指導者が村長に選ばれたり、村の総代になったりした。庄内米の研究や養蚕振興で近代化に貢献した人々もいる。事件が庄内にもたらしたものは何か、その意味をもう一度見つめ直してほしい、と訴えていた。

翌日は、酒田に向かった。初めて酒田県庁跡を見た。土塁しか残っていないが、そのすぐそばに、確かに森藤右衛門の顕彰碑が立っていた。山居倉庫は以前と変わらない。米所・庄内のシンボルで、大勢の観光客が訪れていた。日和山公園に登り、光丘文庫を訪ねた。ここは学生時代以来である。日和山を下り、最後に大信寺を訪ね、森藤右衛門の墓に墓参して酒田を後にした。

鳥海山も月山も母狩山も、雪いっぱいに覆われ真っ白だった。酒田監獄襲撃で蜂起した農民たちが渡河したであろう赤川は、雪代《ゆきしろ》の水で青々としていた。庄内平野は桜が満開で、黄色い菜の花があちこちに咲いていた。うるわしの大地・庄内であった。

悔やまれるのは、佐藤誠朗さんにお会いする機会がなかったことだ（１９９４年死去）。誠朗さんこそ、研究面で戦後最大の功労者だ。今でも「誠朗（しげろう）先生」と呼ばれ、多くの人々から敬愛されている。

父親が軍人で各地を転々としたが、父祖の地は鶴岡だ。東京大学文学部を卒業して高校教員になるが、病を得て帰郷。地元で定時制高校の教員などをしながら昭和

30年代にワッパ事件の研究をスタートさせた。歴史のタブーに挑み、吹雪の中を駆けめぐり、文献資料集めや指導者農民の出身地で聴き取り調査を行った。誠朗さんが集めたそれらの資料が、その後に続く人たちの研究の基になった。やがて新潟大学に助教授として招かれ、次いで教授になった。

筆者の卒業論文について、発表後間もなく新潟大学の誠朗さんから東北大学国史学研究室を通じて照会があった。筆者はすぐさま論文（ダイジェスト版）をコピーして郵送した。アンテナを張り巡らし、仙台に住む無名の一学徒の卒業論文まで収集し、目を通した。そんな人だった。誠朗さんに直接お目に掛かることはなかったが、事件研究の第一人者に読んでもらえたことは、その後の筆者にとって大きな励みになった。

埋もれた歴史の窓が、少しずつ開かれてきた。今後、庄内ワッパ事件の研究はさらに進むだろう。新しい資料が発見される可能性だってある。事件の研究書の一冊に、本書も加えていただければ、発刊の目的は達成される。

ご多忙のところ、貴重な時間を割いて取材に応じていただいた人たちに感謝したい。国立国会図書館、鶴岡市郷土資料館には資料写真を提供していただいた。庄内の歴史研究者でもある三原容子さん（庄内地域史研究所）には適切なアドバイスをいただいた。そして、この機会を与えていただいた歴史春秋社の皆さまにお礼を述べて本書の結びとしたい。ありがとうございました。

（仙台市で、著者）

著者略歴

佐藤　昌明（さとう・まさあき）

１９５５年、福島県生まれ。東北大学文学部日本思想史学科卒。河北新報（本社仙台市）記者。本社のほか、青森総局、会津若松支局に勤務。著書に「白神山地―森は蘇るか」（緑風出版）、「新・白神山地―森は蘇るか」（改訂版）、「仙台藩ものがたり」（河北新報出版センター、共著）など。

庄内ワッパ事件

発　行／二〇一五年四月二十一日
著　者／佐　藤　昌　明
発行者／阿　部　隆　一
発行所／歴史春秋出版株式会社
〒九六五―〇八四二
福島県会津若松市門田町中野
☎〇二四二（二六）六五六七
印　刷／北日本印刷株式会社
製　本／株　式　会　社　創　本　社